国家出版基金项目
NATIONAL PUBLICATION FOUNDATION

改变世界的航天计划丛书

太空家园——空间站计划

徐大军 编著

陕西新华出版传媒集团

未来出版社

图书在版编目（CIP）数据

太空家园：空间站计划 / 徐大军编著. —西安：未来出版社，2019.6
（改变世界的航天计划丛书）
ISBN 978-7-5417-6751-7

Ⅰ. ①太… Ⅱ. ①徐… Ⅲ. ①星际站—普及读物
Ⅳ. ①V476.1-49

中国版本图书馆 CIP 数据核字（2019）第 099540 号

改变世界的航天计划丛书
GAIBIAN SHIJIE DE HANGTIAN JIHUA CONGSHU

太空家园——空间站计划
TAIKONG JIAYUAN——KONGJIANZHAN JIHUA

策划统筹	王小莉
责任编辑	雷露深
出版发行	陕西新华出版传媒集团　未来出版社
地　　址	西安市丰庆路 91 号　邮编：710082
电　　话	029-84288458
开　　本	720mm×1020mm　1/16
印　　张	11.5
字　　数	160 千
印　　刷	陕西金和印务有限公司
版　　次	2019 年 8 月第 1 版
印　　次	2019 年 8 月第 1 次印刷
书　　号	ISBN 978-7-5417-6751-7
定　　价	29.80 元

前言

晴朗静谧的夜晚，仰望星空，总会令人充满好奇与遐想。中国古人看到夜空横跨的亮带，会浪漫地想象那是"天河""银河"，"河"的两边住着七夕才能相会的牛郎与织女；看星移斗转，会感慨"天河悠悠漏水长，南楼北斗两相当"；看月圆月缺，不仅有"海上生明月"的思和"千里共婵娟"的愿，也有嫦娥奔月的凄和美……

明朝时，有一个被封为万户的人——陶成道，不再满足于神话传说和诗句里对于苍穹的认知，而是把自己和火箭绑在椅子上，双手举着两只大风筝，想凭借火箭的推力和风筝的升力，成为世界上第一个飞天的践行者。但遗憾的是，他没有成功，却为此献出了生命。

到了 20 世纪，在航天先驱齐奥尔科夫斯基、戈达德和奥伯特开创性理论和研究工作的引领下，"飞天揽月"终于有了实现的可能。于是，人类这个地球的"婴儿"，集中巨大的财力、物力和人力，用新科技不断尝试着突破走出地球"摇篮"，走向更深邃的太空。

于是，一项项纪录被创造，被刷新，这才有了人类航天史上一个个壮举——

阿波罗登月，堪称人类科学工程技术史上的奇迹。在 10 年的时间里，开展了一系列的太空任务，最终完成载人登月。

空间站的建立，是航天工程另一伟大成就。它为人类利用太空资源、探索长期在太空生活的可能性，发挥了重要的作用。

而这两项成就都离不开重型运载火箭，因而，研制百吨级运载能力的重型运载火箭，成为各航天大国最重要的长期发展计划。

航天造福人类最生活化的体现，莫过于全球卫星定位导航系统的应用。除了给日常带来的便捷，它在军事、经济等领域的巨大价值更不用说了。

习近平总书记指出，"探索浩瀚宇宙，发展航天事业，建设航天强国，是我们不懈追求的航天梦。"我国的载人航天计划1992年才正式启动，但航天人艰苦奋斗、勇于攻坚，不断开拓创新、无私奉献，终于完成了神舟飞船载人遨游天际、航天员出舱、"天宫一号"和"天宫二号"载人空间实验室、嫦娥探月等高科技项目。不久的将来，我们还将建立自己的长期有人值守的空间站，并逐步发展载人登月技术。航天事业的发展从来没有坦途，我国的载人航天也历经挫折，但这阻挡不了砥砺奋进、勇往直前的中国航天人。

未来，人类将会进一步探索太空，将活动空间拓展到更加遥远的星球，这些重任将由正在成长的青少年们去完成。

航天科普作品对于普及航天知识、提高大众科学素养有着重要的意义，对于青少年树立正确的价值观与科技报国的远大抱负，也有着不可低估的作用。因此，我们编写了《改变世界的航天计划丛书》，第一辑选取阿波罗登月计划、空间站计划、重型运载火箭计划、卫星定位导航系统计划，以及我国的载人航天计划。书中以这些计划为线，将航天时代背景、历史事件、人物、航天器研制等内容有机地联系在一起，给读者一个全景式的展示。通过阐述航天活动对人类发展的影响与改变，让读者更深刻地了解航天发展的意义和必要性，看到我们和航天强国的差距，紧起直追。

近年来，我国有不少专家积极投身科普创作，在此特向航天科普领域的杰出代表黄志澄研究员、庞之浩研究员、邢强博士等人致敬。

在众多航天科普作品中，本丛书实为沧海一粟；而本丛书的作者相对来说，还是"新兵"，但在这条路上，我们并不孤单。本丛书撰写过程中，得到了北京航空航天大学宇航学院何麟书教授、蔡国飙教授、杨立军教授、李惠峰教授等的大力支持与鼓励，在此一并表示感谢。

限于作者水平，以及航天知识与历史事件的庞杂，书中难免存在梳理不当、文不达意之处，恳请广大读者批评指正。

徐大军
2019年6月

目录

1.1 天上是否有街市

现代文学家郭沫若先生曾写过一首抒情诗——《天上的街市》：

远远的街灯明了，
好像闪着无数的明星。
天上的明星现了，
好像点着无数的街灯。

我想那缥缈的空中，
定然有美丽的街市。
街市上陈列的一些物品，
定然是世上没有的珍奇。

你看，那浅浅的天河，
定然是不甚宽广。
那隔河的牛郎织女，
定能够骑着牛儿来往。

我想他们此刻，
定然在天街闲游。
不信，请看那朵流星，
那怕是他们提着灯笼在走。

他大胆发挥想象，把夜空中满天的繁星想象成天上街市中点亮的无数街灯，把从空中划过的流星想象为牛郎织女在街市上闲游时手里提着的灯笼，为我们展示了天上街市的美妙，也表达了诗人对自由的向往。

很久以来，人们都幻想在"天上"会有一个非常完美的世界，这在古代神话中常有体现。我们每个人在小时候，抬头仰望天空，想必也都曾有过这样的遐想。

自20世纪下半叶以来，人类的航天技术突飞猛进，逐渐有了在太空建立"城市"的可能，于是在很多科幻作品中也出现了对未来太空城市的种种描绘与遐想。

被誉为"动画之神"的日本漫画家宫崎骏创作了不少与飞行有关的作品，如由他担任导演，根据他的漫画《飞行艇时代》改编的动画电影《红猪》，还有由他创作并担任导演的动画电影《天空之城》。

《天空之城》描述了一个悬浮在空中的城市——拉普达，故事就是围绕着主人公希达和巴鲁寻找天空之城拉普达的冒险经历而展开的。

影片中，男女主人公、海盗以及具有政府和军方背景的人，都有一个共同的目的地，那就是由古代拉普达人建造的飘浮在空中的一座城市。古代的拉普达人早在故事发生的700年前就掌握了高科技手段，通过结晶制造出来的"飞行石"具有反重力的特性，这是建造空中之城的材料。后来拉普达王国分崩离析，拉普达人全部离开了这座空中城市，到地面繁衍生息，而那座城市仍然在"飞行石"的作用下飘浮在空中。

空中之城拉普达被超大型的低气压区（影片中称之为"龙之巢"）保护着，一般人很难进去，一旦靠近就会被强大的气旋撕得粉碎，但巴鲁的父亲曾经顺利地进出过，还拍摄了拉普达的照片——这也在冥冥之中注定了应该由巴鲁去寻找这座空中之城。

另一个主人公希达所持有的一小块飞行石是拉普达王室世代传下来的，配合一定的咒语就会具有超凡的力量。而这块小小的飞行石就是打开空中之城拉普达的钥匙，这也正是具有政府和军方背景的穆斯卡对希达一路穷追不舍的原因。

当穆斯卡从希达手中夺得飞行石后，就带领着政府军的飞行战舰，在飞行石的引导下向着拉普达的方向行进。巴鲁和希达在海盗婆婆的帮助下，也向着这一方向飞行。

在经历了"龙之巢"的狂风洗礼之后，巴鲁和希达成功地登陆了空中之城拉普达。而随后穆斯卡的飞行战舰也飞抵这里，一场惊心动魄的战斗在拉普达展开，穆斯卡的野心也一步步被揭示。

空中之城拉普达的外观像一个

巨大的陀螺，顶部是花园、居住区以及天台，中间为王宫和街道，这里储藏有大量的金银财宝，底部是由黑色石头所构成的半球体。拉普达的中枢只有拉普达王国的王室成员及后人才能进入。在中枢的内部有着一个超级巨大的方形飞行石，这就是整个空中之城的动力和飘浮的能量来源。

穆斯卡和希达都是拉普达王国的王室后人，但穆斯卡还是个有野心的家伙，他寻找拉普达的目的是想利用先人的高科技来控制整个地球上的人类。于是，穆斯卡在取得拉普达的控制权后，打开了拉普达底部的七座黑色石柱，还操作控制台激发了"拉普达雷电"，不仅把那些跟随他来拉普达抢夺财宝的政府军士兵抛了下去，还向地面发起了攻击，其威力相当于一枚小型的核武器。

此外，在拉普达中枢中还隐藏着无数的机器士兵，一旦被穆斯卡所控制，也将会有巨大的破坏力。

故事的结局是正义战胜了邪恶：勇敢而无畏的巴鲁终于从穆斯卡手中夺回了飞行石；希达念出了毁灭咒语，空中之城拉普达底部的石头纷纷坠落，露出了庞大的根系，不再具有攻击力。

这部动画电影似乎更多的是一种玄幻，空中飞行的巨大飞船，以及庞大的空中城市拉普达，都无法从科学的角度加以解释，也许是用了某种"反重力"的手段，但至少现在人类的技术还无法实现。

《天空之城》中没有过多地叙述已掌握高科技的拉普达王国为什么会消失，只是借希达之口提到空中之城拉普达脱离了地面，离开了世代生存的大地，人类的文明无法留存。看来，无论人类的科技在未来有多么发达，目的还是希望我们的地球变成最美的家园。

另一部美国科幻动作大片《极乐空间》中描述的空中之城，则在技术上是具有一定可行性的。影片描述的是22世纪地球上人口极度过剩，地球环境遭到了严重的破坏，而富人们则为了享受更好的生活环境，在天上建造了一个叫作"极乐空间"的空间站。这是一个巨型的空中建筑，是一种由弯曲的中空管构成的环形飞船，有一个好听的名字——"斯坦福环"。它通过巨大的圆盘的旋转，形成模拟的重力，从而可以使人们如同在地球上一样自如地生活。

"极乐空间"可谓环境优美、生活安逸。这里没有贫困，没有暴力，没有疾病，一旦生病，只需躺在治疗机里就可以治愈。有钱人为了在这里生活，要支付高额的费用，而政府则为这些权贵阶层提供一切服务。地球上剩下的都是被遗弃的穷人，那里已经成了一个巨大的贫民窟，机器人管理着这些地球居民，很多地方缺医少药，饮用水和食物供给都很困难。

这部电影对科技的发展有着很重的悲观情绪。事实上，科技对人类来说是一把双刃剑，一方面可以帮助人类社会快速发展，给人类带来无数便利和力量，另一方面也会给人类带来灾难与毁灭。

1.2 早期的设计

从与生俱来的对"天空之城"的幻想，到慢慢地要将之变为现实的不懈努力，人类对于建立实用的"天空之城"——空间站的想法，至少可以追溯到 1869 年。当时，埃弗里特·黑尔为《大西洋月刊》撰写了《砖月亮》（The Brick Moon），描述了 30 多名技术人员在砖造卫星内工作的情景。此后，航天先驱康斯坦丁·齐奥尔科夫斯基和赫尔曼·奥伯特也对空间站进行过种种设想。

1928 年，奥地利工程师赫尔曼·波托奇尼克出版了他的作品《太空旅行的问题》，书中对人类长期居住的空间站的外形和构造进行了描述。他认为空间站应该采用转轮式的外形，通过缓慢的转动来产生人造重力，这是解决人类在太空失重条件下长期居住的最简单也是最可行的方案。

《太空旅行的问题》风靡了 30 多年，波托奇尼克的设想对人类空间站发展的影响是非常深远的。为了纪念这位太空领域的先驱，谷歌曾在 2012

赫尔曼·波托奇尼克

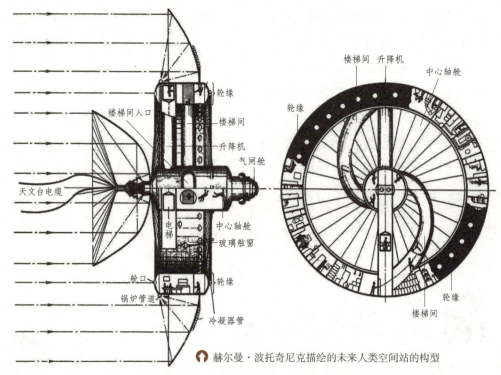

轮缘
楼梯间入口
楼梯间
升降机
气闸舱
天文台电缆
电梯
中心轴舱
玻璃舷窗
舱口
轮缘
锅炉管道
冷凝器管

楼梯间　升降机
中心轴舱
轮缘
轮缘
楼梯间

⬆ 赫尔曼·波托奇尼克描绘的未来人类空间站的构型

年12月22日，波托奇尼克120周年诞辰之际，将其首页的"涂鸦logo"换成了波托奇尼克所设想的空间站构型。

位于波托奇尼克故乡斯洛文尼亚的欧洲太空科技文化中心就是根据他的空间站方案进行设计的，建筑的外观犹如一个在太空中缓慢旋转的巨大圆盘，内部也有类似于空间站中盘旋楼梯的设计。

第二次世界大战（以下简称"二战"）期间，德国科学家曾设想在高度8200千米的轨道上建立空间站，并在上面安置使用太阳能的轨道兵器，即所谓的"太阳枪"，它的形状

⬆ 2012年12月22日，谷歌的首页"涂鸦logo"

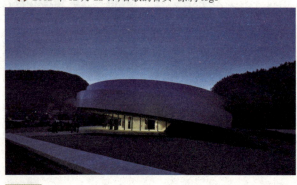

⬇ 欧洲太空科技文化中心外观

像一个巨大的凹面圆盘。科学家们通过计算得到，这个圆盘的面积如果达到 9 平方千米，就可以汇集足够的能量摧毁城市，甚至让海水沸腾。

1952 年，冯·布劳恩在《矿工》周刊中刊登了他设计的环状结构的空间站方案。这个环状结构的直径为 76 米，以每分钟 3 圈的速度旋转，可产生相当于地球上三分之一重力值的引力，空间

⬆ 欧洲太空科技文化中心内部

⬆ 二战期间德国科学家设想的"太阳枪"

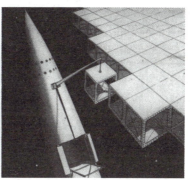

⬆ "太阳枪"采用模块化组装方式

⬆ 建成后的空间站有对接孔，可与飞船对接，能运送人员及货物（设想图）

⬆ 空间站通过旋转产生人造重力,人们可以在空间站里进行种植(设想图)

站内可容纳 80 名航天员或游客。

来自普林斯顿大学的科学家杰拉德·奥尼尔非常富有远见,他给整个太空移民的想法赋予了新的生命力。作为物理学家,奥尼尔自 20 世纪 70 年代开始就向公众阐述他关于开发太空的想法,特别是人类如何在太空生活。其他人或许也考虑过这个问题,但是奥尼尔以令人眼花缭乱的方式把它带入了公众的视野。

奥尼尔在 20 世纪 50 年代开发

⬇ 冯·布劳恩于 1952 年提出的环状结构的空间站设计方案

出了新型的高能物理仪器。他还率先发明了质量加速器，这是一种由电驱动的发射装置，可以不使用火箭就将物体发射到太空。1977年，他创立了太空研究所，这是一个为探讨如何将人类带离地球的想法而创办的研究平台。

奥尼尔的思想指导了一整代太空移民倡导者的成长，其中一些人现在已经是私人太空飞行领域的重要人物。

奥尼尔关于太空移民想法的核心是一个被称作"奥尼尔圆柱体"的结构。这是一些长约20英里（约32千米），直径4英里（约6.4千米）的大型管道，它们被成对地放置在太空中的固定位置。圆柱体的墙壁上分布着陆地和窗户，每个圆柱体有三扇巨大的窗户，在每个窗户附近可制造出人造的昼夜循环。

每个圆柱体的内部大约有500平方英里（约1300平方千米），可容纳数百万人。圆柱体将沿其轴线旋转，通过离心力在内表面上产生人造重力。河流将会在内墙上建造的森林里穿行。圆柱体内有云层，甚至会

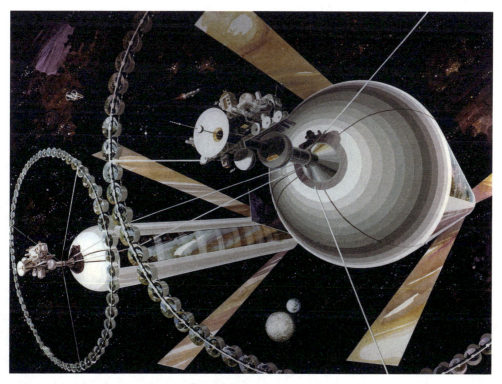

⬆ 奥尼尔圆柱体（设想图）

降水，这些都将成为天气循环中的一部分。

同期出现的另一种设计叫作"斯坦福环"。它是1975年斯坦福大学在与美国国家航空和航天局（以下简称"NASA"）合作的研讨会上被首次提出的。在概念上与奥尼尔的设计相似，主要的区别在于形状，它的形状是环形的而不是管状的。尺寸上，斯坦福环是奥尼尔圆柱体的缩小版，直径只有1英里（约1.6千米），可容纳约10 000人。斯坦福环每分钟旋转一次，为居民创造出人工重力。斯坦福环的下方设计有一面巨大的镜子，用于反射太阳光，通过周期性的调节为居民制造出昼夜交替的感觉。这一方案甚至还设想通过天梯直接与地面连接，人员和货物通过天梯即可从地面直达这个空中的城市。

还有一种设计是太空中的球体，被称为"伯纳尔球"。这是所有

🚀 斯坦福环空间站方案

设想中较早的一个，由英国科学家约翰·德斯蒙德·伯纳尔于1929年提出。球形主体直径约为10英里（约16千米），球体的内壁可容纳两三万名太空移民者。窗口在球体的极点。同样，通过自转产生人造重力，镜子反射阳光模拟昼夜循环。

🚀 伯纳尔球空间站方案

生活在上面讲述的任何一个"空中之城"中都将是一种独特的体验。在奥尼尔圆柱体结构中，沿着它的长轴你将拥有细长的视野，管道的端点隐没在云雾之中。在斯坦福大学的设计中，长长的视野将在两个尽头处逐渐弯曲，迅速被侧面挡住。在伯纳尔球内，你周围的一切都会弯曲——你好像住在一个碗里。这些都是与在地表生活所不一样的体验，但人类是充满智慧的生物，随着时间的推移肯定会适应这种环境。

这三种设计都有可以体验零重力的地方，就奥尼尔圆柱体而言，

奥尼尔猜想人们可以在中心部位的失重区域内，扇动小翅膀就可以飞行。或许人们会拥有飞行背包，而且不需要燃料，就可以天天在空中飞翔。

人们经过若干年的研究后发现，实际建造出这些或者是其他的设计方案中的任何一个，都是非常巨大的挑战。经济上，它们都将十分昂贵。

奥尼尔最终也承认，通过传统的火箭发射不可能建成奥尼尔圆柱体，因此他继续建议采用他的另一项发明：在月球建立质量加速器，把在月球开采和加工的材料发射出去，用于空间站的组装。这样做可大大降低成本，当然也需要在月球上建造大量的基础设施。到目前为止，只有 12 个人登上月球，他们留下的仅仅是足迹、相机和背包，还有降落阶段的着陆器，以及在后来的任务中使用的月球车。

> 国际空间站——已经比较接近我们想要的太空栖息地，只是这样小小的一个地方（大约一个标准足球场大小），费用就高达 1400 亿美元。作为史上最昂贵的建筑，国际空间站额定乘员只有 6 人。其建造过程使用了 36 次航天飞机，以及几次从俄罗斯发射的"联盟"号飞船。

另一个问题是，在哪里设置太空移民地。低地球轨道是国际空间站所在的地方，但停泊在这个轨道上需要定期提升轨道高度。低地球轨道是一个旧火箭、卫星等太空垃圾遍布的地方，哪怕是油漆斑点一样大小的物体以轨道速度运行，也犹如一颗子弹，这对空间站来说是非常危险的。所以，奥尼尔建议把移民地放在地球和月球之间的稳定轨道上。

NASA 提交的第 4257 号"SEDS 法案"（SEDS 为"太空"、"探索"、"发展"与"定居"英文的首字母缩略词）可能有助于这项事业。这是 NASA 创建以后向美国政府提交的第一个法案，详细阐述了他们从未间断的目标。当 NASA 在疯狂的太空竞赛中成立时，其主要目标就是建立一个执行机构，在太空领域超越当时的苏联，提升太空科学和技术方面的成就。自 20 世纪 70 年代"阿波罗"计划结束以来，NASA 在太空探索方面做了很多尝试，每任总统似乎都有不同的计划，这进一步扩大了研究的方向。该法案的标题页声明了其首要目标：

研究并促进太空探索和发展，使人类拥有除地球以外的定居地，以及为了其他的目的。

请注意，他们使用了"定居地"一词。这项法案的通过，是将地球以外移民地的想法正式纳入 NASA 日程的第一步，并有可能推动人类在进入太空方面取得一些进展——不是短期的探索访问，而是能够留在那里。

1.3 移民设想

　　20 世纪，人类的科学技术突飞猛进，但也发生了两次世界大战，若干次局部的战争，以及相当长时间里核威慑的冷战。就这样，并不强大的人类步入了 21 世纪，信息的传播变得没有国界，世界各地频频传来地震、海啸、洪水泛滥、山林大火、高温炙烤等消息，似乎传说中的世界末日真的要到来了，特别是 2012 年之前，"世界末日论"甚嚣尘上。世界自然基金会 (WWF) 在《2006 年度生命地球报告》中称，全球自然生态系统正以人类历史上前所未有的速度恶化，而且生态多样性减少的趋势也日益明显。假设人类按照目前的速度消耗资源，到 2050 年，人类即便有两个地球，自然资源也可能不够用。国际组织"灾害研究中心"表示，21 世纪开始的 10 年，人类遭遇的干旱、地震、酸雨和洪涝灾害是 20 世纪 80 年代的 3 倍！

　　除了地球上的种种灾难（我们姑且称之为"内忧"），人类还要面对"外患"，即来自外太空的威胁。1989 年，一颗小行星与地球"擦肩而过"，二者通过其轨道相交点的时间仅相差 6 小时，如果不是相差这短短的 6 个小时，这颗小行星就会撞击地球，造成相当于 1000 枚原子弹爆炸的破坏力。生命船基金会（位于美国内华达州里诺市，是一家致力于预防全球灾难性风险的非营利组织）的研究人员在一份报告中指出，小行星撞上地球的概率是三十万分之一，概率虽小，但这就好比是俄罗斯轮盘赌——如果我们一直拿着装有子弹的手枪对准脑门，总会有中枪的一刻。有研究表明，在远古曾经主宰地球的恐龙就是因为小行星撞击地球而导致灭绝的，那如果换作是人类又会怎样呢？

"内忧"与"外患"之下，无论是科学家还是科幻小说作家，都在考虑同一个问题，那就是人类必须把移民太空提上议事日程了，为人类寻找一个新的家园。

人类在茫茫宇宙中能否找到"新家"？基于目前人类对宇宙空间的认识以及所掌握的科学技术，我们其实有很多选择。美国太空协会的 1.2 万名会员已经许下移民太空的承诺，他们建议人类先找到一个拥有支持生命可持续发展

↑ 太空中的人类新家园(设想图)

资源的星球"试住"，距离地球最近的天体——月球也许是最佳选择，毕竟这是迄今为止人类唯一到达过的天体。越来越多的探测结果表明，月球上有水资源，这是人类生存最基本的保障。有了水，生命就可以维持并发展下去，那么移民太空就有希望了。另外，人类还要面对宇宙射线的危害，解决这个问题的方案也很多，比如可在月球上挖洞穴，人类在月表下生活，这样就能不受宇宙射线的伤害，防止我们的细胞产生癌变。

↪ 图中蓝色部分代表月球地质勘测卫星接收到的氢氧化物的反射信号，表明在月球的南北极有固态冰的存在

　　还有一批倡导移民太空的积极分子认为，人类应该跳过月球直接上火星，因为火星是太阳系中最像地球的星球。美国火星协会的负责人罗伯特·苏布林表示，火星有月球不具备的大气层，能保护人类不受宇宙射线的伤害，那里还具有相当于地球40%的重力。

　　2018年7月25日，在意大利罗马，科学家们召开新闻发布会，宣布了一个许多人期待已久的重大发现：火星上发现了第一个液态水湖。这是振奋人心的消息。这次发现的液态水湖，属于持久性水体，它有可能会为生命提供长时间的生存条件。这对于火星移民支持者来说，是迄今为止最有利的论据。

⬆ 2018年7月25日，《纽约时报》与《科学》杂志公布的一幅火星照片显示，一个水湖位于火星的南极。根据推测，这个湖大约深1.6千米，直径19千米

⬇ 开普勒-186恒星系统与太阳系的比较。开普勒-186f与地球的大小相似，与所围绕的恒星距离也恰到好处，使其地表可能存在液态水

　　宇宙中的行星很多，但并不都像地球和火星这样具有固体的表面。有些行星主要是由氢、氦和水等组成的气体星球，这种星球是完全不适合人类居住的。人类可以选择的行星势必要和地球一样是可以"脚踏实地"的，我们称之为类地行星。类地行星的构造都很相似，中央是一个以铁为主，且大部分为金属的核心，围绕在周围的是以硅酸盐为主的地壳。2015年1月6日，美国发表声明称，理论上讲，确定了3至4颗和地球大小几乎相同，并且处于"适居带"的行星。这也就意味着上面有可能有液态水存在。2017年7月19日，NASA宣布发现了219颗疑似系外行星（exoplanet），其中包括10个处于它们行星系内宜居带的类地行星。但这些可能适合人类居住的类地行星实在太遥远了，例如

地球　　开普勒-186f　　开普勒-186恒星系统

f

bcde

太阳系

地球　　金星　　水星

被天文学家普遍看好的"开普勒－186f"，距地球约500光年，这对人类目前掌握的太空飞行技术来说实在是太遥远了。

也有人不认可移民外星球的行为，这些人称移民地外星球是"星球沙文主义"，建议在太空轨道上建立新家。这个方案的可操作性比较强，俄罗斯的太空轨道科技公司曾表示，他们要推出类似国际空间站的绕地轨道太空旅馆，供太空游客居住。

有科学家甚至畅想，人类可住在一艘巨大的宇宙飞船上，船内的食物和氧气自给自足，沿途采集彗星和行星上的资源作为生产原料。这样一来，即使脱离了地球轨道和太阳系，向宇宙深处航行，人类也能生存下去。这个设想不管能否实现，却成了许多科幻小说作家创作灵感的来源，不少作品还被搬上了银幕。

在一部西班牙拍摄的科幻电影《轨道9》中，一家高科技公司为了研究人类如何能适应经年累月的太空旅行，将实验者从一出生就放置在所谓的"空间站"中。当实验者长大成人后，一个偶然的机会发现，所谓的太空飞行不过是一场实验，对她和所有的实验者来说就是一场

骗局。影片中的女主人公走出深藏于地下的"空间站"，畅快淋漓地沐浴在大雨中，这一段不禁让人感慨，有风有雨的地球远比幽闭的空间舱更适合人类居住。许多此类的科幻电影都有相同的悖论，一方面寄希望于建立的空间站能够解救人类，另一方面又害怕这样的空间站会成为最终毁灭人类的潘多拉魔盒。

⏺ 未来太空城市的一角（设想图）

人类若想离开地球进入太空，第一个难题就是如何摆脱地心引力。目前人类所掌握的技术就是基于化学能的运载火箭，但载荷效率实在太低，一枚数百吨起飞重量的运载火箭，送入太空的有效载荷质量仅为几吨。这样看来，用运载火箭发射部件到太空中建立"天空之城"真可谓是蚂蚁搬家啊。火箭发射的成本也居高不下，例如可部分重复

使用的航天飞机，每冲出地球一次就要耗资 4.5 亿美元，在飞机上每多放入 1 磅（约 453 克）重的物品，成本就要提高 1.2 万美元，这还没算上火箭助推器的燃料费。工程师们想出了不少非化学能火箭的发射系统方案，例如物理学家德瑞克·泰曼设想，打造一个巨大的离心管，把飞行器置入其中高速旋转，直到它的速度足以使其摆脱地心引力。但建造这样一个巨型装置又谈何容易啊。

至于如何在外太空建造家园，太空制造公司（总部位于美国，专门从事微重力三维打印机的设计和制造）提议，可把一台巨型 3D 打印机送上太空，它能扮演宇宙建筑工人的角色，把地球运来的原料和太空垃圾"打印"成卫星或宇宙飞船。2014 年，这家公司就为 NASA 提供了一个测试用的 3D 打印机原型。2016 年 4 月，国际空间站迎来了其首个正式的商用 3D 打印机。太空制造公司提供的设备被取名为"AMF"，它能够在零重力下进行打印。在太空打印的第一个产品仅仅是一把扳手，不过好歹迈出了太空 3D 打印的第一步。

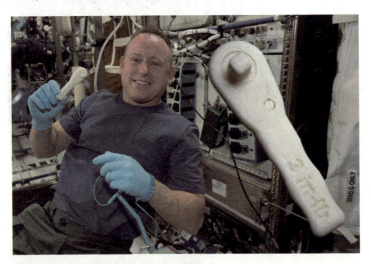

太空打印的第一个产品——一把扳手

未来，可在空间站中进行更多的零部件和产品的加工制造

2015 年 5 月，NASA 和它的合作伙伴发起了 3D 打印外星球栖息地挑战赛，为此还专门设立了 250 万美元的奖金。NASA 在官网中提出，比赛内容是利用 3D 打印技术建造栖息地，服务于深空探测，为将来的火

星之旅做准备。

目前，一些私营企业具备了移民太空所需要的大部分技术。2010年12月，太空探索技术公司（SpaceX，美国）成功测试了一艘可搭载7人、可重复使用的太空飞船"天龙"号，并在绕地球飞行两圈后安全降落。太空前沿基金会（一家美国的非营利公司，旨在促进私营部门与政府合作，更多地参与太空探索和发展）创立人瑞克·汤林森表示，越来越多的企业家拥有从事太空探索的雄心和条件，他们比害怕承担风险、指导方向不明的NASA更靠谱。

NASA的首席科学家丹尼斯·布什奈尔则对移民太空持更加谨慎的态度。他强调，我们至今对宇宙射线和零重力对人类身体与精神的影响知之甚少，我们还没有发明出能够完全抵抗辐射的航天服，"目前人类有能力制造出来的航天服不安全，安全的航天服我们造不起"。

尽管布什奈尔的观点是正确的，但也有专家相信，人类的探险历程从来都离不开危险。美国加州大学物理系教授乔治瑞·班福特表示："我们美国人以为自己是太空界的哥伦布，但因为一点儿风险就裹足不前……我们登上月球，留下两个脚印离开了，然后太空探索的成果逐渐被人遗忘。"

⬆ 一辈子都待在太空船中容易得幽闭症，休闲娱乐很重要

⬆ 离开地心引力，人类容易得骨质疏松症，因此人类要在太空船里利用人造重力锻炼身体，维持骨密度

⬆ 太空船的船身要够厚，能抵挡宇宙射线对人体的伤害

⬅ 如果下一个星球上没有合适的环境，太空移民者可以住在室内，直到他们设法找出解决办法

➡ 人类将进行太空竞赛，可能要用上千年的时间在宇宙中找到一个新的家园，或许某次重大发现之后仅仅几年的时间，人类就可以实现梦想

1.4 从科幻到梦想成真

　　无论是奥尼尔圆柱体、斯坦福环，还是伯纳尔球，要想制造出来可不是那么容易的事情，人类的科学技术总是从简单到复杂，一步步去实现一个宏大的目标。人类建造空间站，也是从最简单的太空舱的形式开始的，积累技术经验，逐步制造出一个太空中的巨型建筑。

　　迄今为止，人类空间站的构造分为三类：单舱结构、多舱积木式结构和桁架式结构。不同结构的空间站在建造难度、热控、姿态控制等方面的差异很大。

　　单舱结构的空间站一般是开展航天活动的国家早期的实验性空间站，苏联的"礼炮"系列空间站，美国的"天空实验室"，中国的天宫一号和天宫二号空间实验室，都是单舱结构的。这里"单舱"的含义，并不意味着空间站仅有一个舱室，而指的是空间站本身为一个单体航天器，通过一次发射即可升空入轨。单舱结构的空间站一般只在首尾具有一到两个对接口。在实际的运行过程中，单舱结构的空间站往往与一个或多个宇宙飞船组成一个组合体，如苏联"礼炮"系列空间站与"联盟"号或"进步"号飞船的组合体，"天空实验室"与"阿波罗"飞船的组合体，天宫与神舟的组合体。建造单舱结构空间站所需的技术相对简单，容易实施，但其有效载荷少，可扩展程度低，可搭载航天员人数少，可居留时间短。因此通常作为早期的空间站技术试验品，寿命一般较短，

🔘 单舱结构的空间站

如美国的"天空实验室",升空后仅仅进行了三次载人任务,在轨飞行时间仅为6年。

多舱积木式结构的空间站迄今为止只有一个,即大名鼎鼎的"和平"号空间站。"和平"号空间站的核心舱实际上是"礼炮"系列空间站的改进型,但增加了更多的扩展对接口、机械臂和燃料,在其10余年的轨道飞行中,苏/俄和美国先后在核心舱上安装了5个舱段。在1996年"自然"号实验舱安装完毕后,"和平"号空间站进入了最为完整的形态。"和平"号是人类第一个大型空间站,是真正意义上的太空堡垒,作为多舱积木式结构的空间站,其主要组成舱段均可由运载火箭发射,只有一个扩展对接舱使用了航天飞机进行发射,因此组装难度不高。但在"和平"

多舱积木式结构的空间站

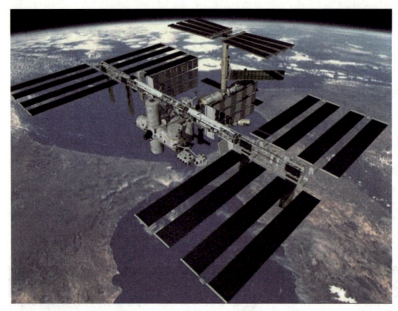

● 国际空间站采用
的是桁架-多舱积木
式组合的空间站方案

号10多年的运行生涯中仍暴露出多舱积木式空间站的许多缺陷，如太阳能电池板相互遮挡，在与飞船交会对接时，复杂的积木式结构容易使舱段与飞船发生碰撞，前者困扰"和平"号多年直至它退役，而后者几乎造成毁灭性后果。1997年，"进步"号货运飞船与光谱舱碰撞，造成了后者的永久损毁。除此之外，由于积木式结构本身的空间紧张，其扩展能力仍然受限。

桁架式结构空间站主结构为贯穿首尾的桁架，所有的舱室、设备都连接在桁架上，这个桁架结构如PC机的主板一样，各种设备即插即拔。

桁架结构的灵活性和可扩展性非常优越，太阳能电池板的布置也非常容易，因此桁架结构是未来空间站的必然发展方向。但桁架结构空间站包括大量异形组件，如桁架、太阳能电池板、机械臂等，运载火箭很难搭载，需要通过航天飞机进行发射和组装。

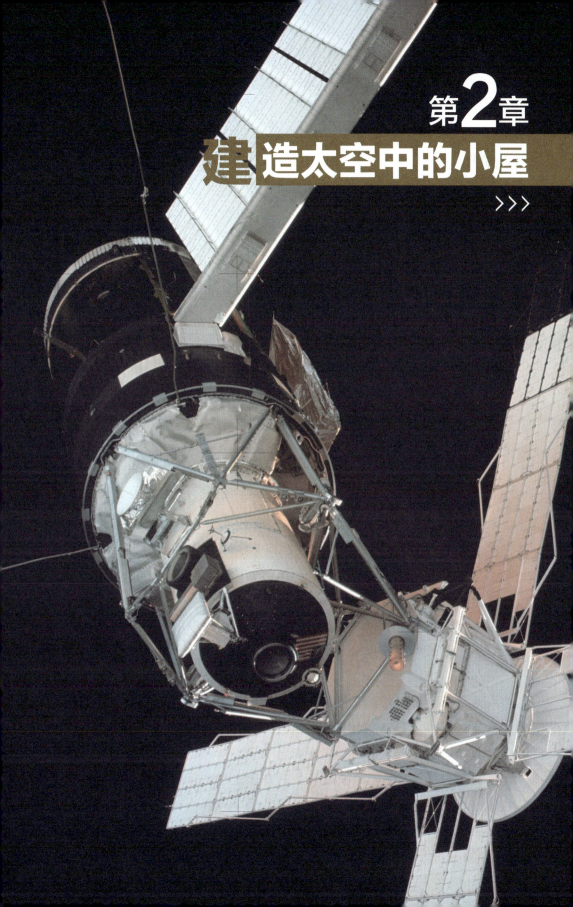

第2章
建造太空中的小屋
>>>

2.1 太空组合体

在苏联航天事业的传奇总设计师科罗廖夫去世后，米申接管了位于加里宁格勒的 OKB-1（第一特种设计局）。按照上级的指示，米申积极重组了 6 万多名科研人员，并将机构改名为实验机械制造中央设计局。科罗廖夫未能完成的"联盟"号载人飞船的任务也同样交由米申来完成。

"联盟"号项目的进展并不顺利，但迫于进度要求，无人试验中的许多问题被暂时搁置，设计局决定在 1967 年 4 月进行第一次载人飞行试验。其中一艘飞船（"联盟" 1 号）携带 1 名航天员发射进入地球轨道，第二艘飞船（"联盟" 2 号）在次日搭载 3 名航天员发射，入轨后进行两艘飞船的交会对接，第二艘飞船中的 1 名航天员会与第一艘飞船中的航天员通过太空行走进行位置交换。这将是人类第一次实现两个载人航天器在太空中的对接，并形成一个组合体进行轨道飞行，这种方式成为后来空间站技术的基础。但这一计划的实施并不顺利，以致付出了生命的代价。

"联盟" 1 号飞船的航天员选定为弗拉基米尔·科马洛夫，尤里·加加林是他的替补。两人是十分要好的朋友，常常一起打猎喝酒。两人被一同分配参加这个任务，但是在高级技术人员仔细检查之后，发现了许多会成为安全隐患的问题。然而，发射的命令来自克里姆林宫，最高领导人勃列日涅夫希望用苏联在太空竞赛中的胜利作为十月革命 50 周年的献礼。没有人能在发射前的关键时刻终止计划，作为进入太空第一人的加加林虽然被列为替补，但是苏联政府是不会让这样一位人类英雄执行如此危险的任务的。科马洛夫也绝不会看着自己的挚友执行这种近乎送命的任务，于是执行这项任务成了他唯一的选择。科马洛夫从而成为苏联第一位两次进

△ "联盟"号载人飞船

入太空的航天员（他曾经执行过"上升"1号的飞行任务）。

"联盟"1号进入轨道之后的状态就如技术人员所预料的那样，问题重重。先是两块太阳能电池板中的一块无法展开，导致恒星敏感器出现故障，飞船的姿态和方向出现了很大的偏差。身处险境的科马洛夫成功地克服了大量技术问题，稳定住飞船之后实现了离轨发动机点火。第二天的发射任务随即取消，"联盟"1号受命返航，返回途中降落伞发生故障无法打开，科马洛夫终究在劫难逃。

◁ 弗拉基米尔·科马洛夫

降落伞打开失败后，科马洛夫清楚自己必死无疑，飞船将和他一

起走完最后的旅程。返航只意味着死亡，身处飞船中的科马洛夫该是多么绝望。由于没有降落伞的减速，飞船外壳与大气摩擦产生高温，科马洛夫与地面的通信并不稳定。外界很难弄清楚当时地面指挥中心与飞船究竟沟通了什么内容，只有传言说科马洛夫被称为英雄，并与妻子做了最后的通话。

科马洛夫得到了国葬的待遇，并成为国家英雄。这次事故对加加林是一个极大的打击，他在接受采访时曾严厉地批评让他的好友送命的各个官员。这之后的加加林日渐消沉，好友的死成了他心里的阴影，并因此一直自责（他的自责并没有持续太久，一年之后，加加林死于飞机飞行事故）。

经历了如此沉痛的失败之后，苏联人把步子放慢了一些，更加稳妥地开展对接计划。1967年10月，两艘无人飞船——"宇宙"186号和"宇宙"188号先后发射升空，并成功地进行了对接试验。其中一艘的返回舱成功着陆，另一艘的返回舱在再入过程中发生偏差，因可能的着陆区不在苏联境内而被迫自毁，爆炸碎片散落在苏蒙边境。尽管出现了一些小问题，但总的来说这次试验取得了成功。苏联人这次表现出了足够严谨的态度，决定再进行一次对接试验。1968年4月，又有两艘无人飞船——"宇宙"212号和"宇宙"213号进行了对接试验，两个返回舱均再入成功，降落在离预定着陆点不远的区域。

之后，苏联决定再次进行载人飞行，为增加安全系数，他们先安排了被动无人飞船与主动载人飞船的对接，而且无人飞船先发射上天，观察其在轨道上是否运行顺利，之后再决定是否执行下一步任务。

1968年10月25日，经过改进的"联盟"2号从拜科努尔发射场升空，飞船系统运转完全正常，准确无误地进入了轨道。翌日，航天员格奥尔基·季莫费耶维奇·别列戈沃依搭乘"联盟"3号升入太空，在发射后大约90分钟，"联盟"2号与"联盟"3号进入了200米的范围内，别列戈沃依通过手动操作，成功将两艘飞船之间的距离缩短到数米以内，然而由于他没有留意到"联盟"2号和"联盟"3号正处于相互颠倒的状态，导致对接失败。

第二天，别列戈沃依再度尝试对接，却依然没有成功。地面控制中心只好终止交会对接任务，指示"联盟"2号返回地球。而"联盟"3号则留在太空开展气象和地理观测。1968年10月30日，在飞行将近4天后，"联盟"3号返回了地球，准确地降落在卡拉布拉克着陆场。整体上来看，这次试验取得了一定程度上的成功，重要的是"联盟"号飞船的安全性得到了确认。其间，别列戈沃依还为地面的电视观众进行了一次电视直播。

1969年1月14日，航天员弗拉基米尔·亚历山德洛维奇·沙塔洛夫搭乘"联盟"4号发射升空。次日，航天员鲍里斯·瓦连京诺维奇·沃雷诺夫、阿列克谢·斯坦尼斯拉沃维奇·叶利谢耶夫、叶夫根尼·瓦西里耶维奇·赫鲁诺夫搭乘"联盟"5号升空。1月16日，在经过漫长的轨道修正后，两艘飞船成功交会对接，实现了科马洛夫和别列戈沃依一直都没能实现的那个目标——在太空中进行交会对接。苏联塔斯社高度评价这一成就，称飞船组合体是人类历史上的第一座空间站。

🔊 成功实现对接的"联盟"4号与"联盟"5号

2.2 "钻石"号空间站计划

　　同样坐落在加里宁格勒附近的 OKB-52（切洛梅设计局，于 1966 年更名为机械制造中央设计局），虽然只有约 8000 名员工，却靠着领导人切洛梅与军方良好的合作关系，成为米申领导的设计局的主要竞争对手。切洛梅在 1963 年提出了一个针对北约的轨道有人驾驶军用侦查空间站项目，并将项目命名为"钻石"。虽然项目试图符合军方的空间设备需求，但看过模型展示之后，苏联国防部对此并不感兴趣。

　　同一时期的美国，肯尼迪总统被刺杀之后，总统之位由约翰逊继任。约翰逊上台之后宣布了一项新的军事航天项目——载人轨道实验室计划，该计划使用由 NASA "双子星"计划的改进型飞船搭载两名军人航天员，通过该实验室监视苏联的军事活动。这一消息为切洛梅的"钻石"项目带来了转机。克里姆林宫的支持使"钻石"项目顺利开始，并在 1964 年 10 月 12 日成功发射搭载 3 名航天员的飞船进行了 1 天的飞行。但航天员在太空期间，赫鲁晓夫下台了，继任者勃列日涅夫与新上任的总理柯西金都十分抵触赫鲁晓夫对载人航天的狂热。

　　失去了最大靠山的切洛梅没有放弃其他资源，军方依旧对他有着强烈的支持。在游说之后，切洛梅还获得了科罗廖夫长期的合作伙伴、成立 OKB-52 的关键人物克尔德什的支持。在美国载人轨道实验室项目开始实施两个月之后，苏联航天部批准了"钻石"号空间站计划。

　　"钻石"号空间站包括 4 个主要舱段：用来再入大气层的载人航天器、工作舱、安装有长焦相机的设备舱以及最后的推进舱。空间站质量巨大，如果通过"质子"号火箭一次发射送入轨道，科学及军事设备只能减少搭载。于是两次发射的方案成为最佳选择，"质子"号火箭 20 吨

↑ 带有货运飞船的"钻石"号空间站

↑ "联盟"号飞船与"钻石"号空间站的对接状态

的运载能力得到了充分发挥，空间站也可以有更大的质量。再入航天器与一个功能货舱组成了运输补给飞船，通过在轨道上与空间站对接实现运送航天员及货物的补给。空间站的计划寿命为两年，航天员每两三个月更换一次。

在发射时，"钻石"号空间站总重量为18.9吨，长11.61米，最大直径4.15米，可用容积90立方米。推进系统包括两台火箭发动机，每台能产生400千克的推力；4台校正发动机，每台推力40千克；28台小型发动机，推力20千克或1.2千克，对空间站的姿态进行微调。

切洛梅最初的目标是由自己领导的制造厂生产出一整套"钻石"号空间站系统，包括"质子"

↑ "钻石"号空间站的核心舱段在地面制造过程中

↑ "钻石"号空间站的核心舱段在太空飞行中（设想图）

号火箭、制导系统和运输补给飞船，并计划在1969年开始运行。但是庞大的系统想要可靠地投入运行至少需要两年时间，而参与项目的工程师们还没有足够的载人航天器研制经验，1969年首飞的任务无法完成。"钻石"号空间站的项目进展陷入了僵局。大洋彼岸的项目进展再一次成为苏联航天人解决问题的动力。克里姆林宫一直担心美国在1965年开始执行的"双子星"计划有用于卫星拦截的军事目的，而OKB-1和OKB-52各自的空间站计划都无法在1968年年底前完成。克里姆林宫急切地需要一项能在1969年年底前完成的军事航天器计划。计划的实现方式就是让互为竞争对手的OKB-1和OKB-52合作研发，让"钻石"号空间站根据"联盟"号飞船的设计资料改进以适应对接要求。

在众多政客、将军与航天总师的政治角力之后，"钻石"号空间站计划成为苏联唯一的空间站项目，"联盟"号飞船以运输补给船的身份参与项目。不过两个设计局的领导人之间始终关系紧张，切洛梅不满足于"钻石"号空间站对米申的设计局的依赖，于是尝试让自己领导的工程人员独立设计运输补给飞船；米申同样反感与切洛梅的合作，于是将自己设计局的研究重心放在了登月计划上，心想既然切洛梅不想用"联盟"号飞船，那就不要用。两位领导者之间恶劣的关系使双方合作进展缓慢。

NASA 在这一阶段的进展则相对顺利，"阿波罗"计划的成果成为美国空间站计划的技术基础。在大部分"阿波罗"计划的后续项目被取消之后，美国于 1969 年宣布将在 1972 年发射天空实验室空间站。

苏联在登月竞赛中已经输给了美国，为应对美国新的航天计划必须有快速而有效的反应。空间站项目是苏联扳回一局的关键，但即使是在最乐观的情况下，"钻石"号空间站也要在 1972 年初才能准备就绪。如果一切顺利，"钻石"号空间站将击败天空实验室，成为人类第一座空间站，如果出现严重故障，苏联就有可能再次输给美国。同时，"钻石"号空间站计划属于军事航天项目，保密措施十分严格，而 NASA 的天空实验室则是非军事科研项目，方便宣传。于是苏联选择以民用航天项目的方式描绘"钻石"号空间站计划。这样方便媒体宣传，并能够掩饰后续"钻石"号空间站的军事用途。空间站的转型可能会使苏联的载人航天研制由一个设计局负责，并为苏联带来重新占领航天领导地位的机会。

不知是有意为之还是巧合，关于后续空间站计划的走向和两个设计局合作方式的重要会议，讨论的议题是在切洛梅和米申都不知情的情况下定下的。设计局的与会者压力巨大，但令人高兴的是空间站计划能够继续推进了。

2.3 DOS-1

"钻石"号空间站与"联盟"号飞船的合作项目被重新命名为"长期停留轨道空间站"（DOS）。两位领导者对这项计划有着截然不同的态度：切洛梅十分高兴，因为"钻石"号空间站计划不必再延期；米申则十分愤怒，认为有人背着他搞了这场"阴谋"。而双方的技术团队则早已厌倦了领导之间的争斗，觉得还是纯粹的技术有趣得多，专注科研也是逃离设计局政治的有效方式。

为了抵制双方领导的暗中较量破坏 DOS 项目的执行，首要任务是建立真正可靠的管理机构，并任命两家设计局以外的人对 DOS 项目进行管理。1969 年底，谢苗诺夫被任命为 DOS 项目的总设计师。这位参与了"联盟"号飞船设计、有着环月飞行项目管理经验的新任总设计师，在政治圈也有着深厚的背景，两家设计局领导之间的内斗对他来说完全可以无视。谢苗诺夫在上任之后，完成了项目管理人员的任命，并与他们一起领导数千名工程师与技术人员开展了大量的工作，这是此后苏联载人航天计划的基础，也为后续苏联乃至其他国家的载人航天计划提供了大量的管理经验。

1970 年 2 月，苏联政府发布了 No.105-41 命令，其中有一项是要求将包括"钻石"号空间站核心部件在内的所有相关文件及硬件，都交由 DOS 项目管理。虽然有克里姆林宫的命令，但是谢苗诺夫仍旧花费了许多精力来说服切洛梅提交"钻石"号空间站的核心部件，切洛梅则一直没有停止谴责有人在盗窃他的成果。依照这些资料，DOS 项目组提出了新的空间站设计方案来充分利用"质子"号火箭的运载能力：空间站的大小调整为长 14 米，最大直径 4.15 米，初始重量 19 吨。空间站容积约为 100 立方米，接近"联盟"号飞船容积的 10 倍，航天员们可以获得舒适的工作与生活条件，长期飞行的消耗品也可以有更多的储备，并且有更多的空间安置仪器设备。空间站内部设计的一项巨大挑战就是让航天员能够接近内置的大部分设备，方便进行维护、维修以及更换。众多的仪器设备与复杂的电缆连接，对设计人员和航天员都是考验——设计出可行的布局很难，根据手册接受训练学会操作同样困难。

DOS-1（DOS 项目首个空间站）与"钻石"号空间站有许多差异。"钻石"号空间站的对接系统在后方，DOS-1 则改为放置在空间站的前端。原本在"钻石"号空间站后端用作军事侦察目的的圆锥形舱段，内部也被改为科学研究设备。DOS-1 放弃了"钻石"号空间站的"定制版"推进系统，选择了"联盟"号飞船的推进系统，并且额外携带了两块太阳能电池板。DOS-1 从"联盟"号飞船中继承了大量设备，包括制导和定向系统、太阳能电池板、Zarya 无线电设备、RTS-9 遥测系统、Rubin 无线电指挥系统、指挥无线电线路、中央和主控制板、"针"式交会对接设备、氧气发生器，等等。

项目组决定要让 DOS-1 的运行寿命尽量长，这需要对空间站的轨道状态进行长期的维护，轨道高度、推进剂储量和能源状态都要同时考虑。要想在 200~250 千米的高度启用空间站，即使大气已经十分稀薄，空气阻力对空间站的轨道衰减效果仍旧十分明显，空间站需要周期性的发动机点火运行来维持轨道高度。轨道高度越高，维持轨道所需的推进剂就越少，但是航天员会受到更多的太空辐射，而且，与"联盟"号飞船进行对接也需要更多的推进剂。一名航天员一天大约会消耗 10 千克的食物、水和空气，空间站可以容纳 3 个人 3 个月的需求，这也是航天员交替的最长周期。

两个设计局中各个研究所内部有各自的组织机构与工作理念，协调工作一直是个难题。按照以前的研发制造效率，DOS 项目可能需要 5 年才能完成，但项目管理者计划用一年的时间来完成这一项目。参与项目的每一个人都放弃了节假日，在加里宁格勒完成了项目的所有基本系统：菲利研究团队负责制定研制计划和系统图，赫鲁尼契夫工厂负责制造空间站机器仿真件，米申的设计局负责空间站的最后测试。DOS-1 身处这种不被两个设计局领导人支持却运转良好的环境中，在不到一年的时间里完成了制造装配，并经过了最终测试，于1971年3月送至拜科努尔发射场。

2.4 改个名字——"礼炮"

  DOS-1空间站作为军用项目改成的民用科研项目，保密工作得到了延续。西方媒体猜测苏联计划建立第一个空间站，但是对空间站的具体信息与发射时间都一无所知。不过媒体纷纷猜测，在1971年3月30日苏联共产党召开第二十四届代表大会这个关键的时间节点前后，苏联很可能会宣布相关信息。

  实际情况与外界推测的十分接近，搭载航天员的"联盟"10号飞船与DOS-1空间站将会在4月先后发射。航天员将要在空间站中待多久的问题经过了多次讨论才得以确定，军事工业委员会参考了米申的建议，决定让第一批航天员执行为期30天的任务，他们返回地球并完成健康状况评估之后再决定是否派出第二批航天员。第二批航天员则将按照执行45天任务的要求接受训练。

  "联盟"10号飞船准备搭载的3名航天员分别是鲁卡维什尼科夫、叶利谢耶夫和沙塔洛夫。

  沙塔洛夫以高级督导教员的身份就职于苏联敖德萨军区第四十八空军团，在看到比自己小7岁的加加林成功进入太空的消息之后，产生了一种人必须服老的感叹：虽然一直渴望飞出大气层，但是更年轻的人已经实现，自己的太空之路大概已经关闭了吧。不过在得知自己丰富的飞行经验会成为航天员选拔的优势的时候，沙塔洛夫立即报了名。空军总指挥库塔霍夫十分希望沙塔洛夫能留在空军成为管理人员，并亲自提名他为团长。不过，如此优越的条件在成为航天员进入太空的梦想面前是可以放弃的。沙塔洛夫成功获得了航天员的资格，并从"联盟"1号开始就一直参与训练。作为"联盟"4号的指令长，沙塔洛夫与"联盟"5号的航天员合作实现了两艘飞船的对接，"联盟"5号飞船中的航天员叶利谢耶夫与赫鲁诺夫实现了太空行走。原本以后备航天员的身份参与到"联盟"8号任务中的沙塔洛夫，由于首选成员组几次模拟都没通过，意外地参与执行了"联盟"8号的任务。在这次任务中，"联盟"7号与"联盟"8号参与交会对接，"联盟"6号则负责拍摄交会对接过程。但是"联盟"8号飞船的"针"对接系统发生故障，沙塔洛夫尝试用手动的方式完成，但没有成功。不过任务失败并没有打击到航天员的热情，沙塔洛夫积极地争取第三次进入太空执行任务的机会。最终，库塔霍夫答应了他的请求，但也要求他在完成第三次飞行之后进入管理层，接管航天员训练的任务。

另一位航天员叶利谢耶夫并非军人，却是OKB-1中非军职航天员中的佼佼者。如果没有发生"联盟"1号的灾难，叶利谢耶夫本该驾驶"联盟"2号飞船尝试交会对接与太空行走。这项任务最终通过

2011年4月12日（世界航天日），时任俄罗斯总统梅德韦杰夫向沙塔洛夫授予"友谊勋章"，以表彰他为人类航天事业所做出的贡献

"联盟"5号飞船得以实现，叶利谢耶夫成为第三名实现太空行走的苏联航天员。

叶利谢耶夫不满一岁时，在鞋厂实验室工作的父亲因大清洗运动入狱，母亲是苏联科学院的化学家，后来改嫁，叶利谢耶夫这个姓氏就来自于母亲。在莫斯科完成高中学习之后，叶利谢耶夫获得了在鲍曼高等技术学院学习的资格。学习期间，他没有忘记发挥自己的运动天赋，两次获得国家击剑冠军。在毕业后进行巡航导弹与火箭动力学理论绝密研究期间，叶利谢耶夫被人造卫星的成果震撼，并从此认定自己日后要进入这一领域进行研究。就职申请获得批准后，他成功加入了科罗廖夫管理的OKB-1劳申巴赫团队，参与研究火箭动力学。加加林成为第一个绕地球轨道飞行的航天员后，叶利谢耶夫按捺不住飞

上太空的渴求，与另一位工程师谢瓦斯基亚诺夫一同报名参与了航天员的选拔。科罗廖夫当时并不知情，但他始终认为在太空中工作的最适合人选就是参与设计航天器的工程师，并提议中央空军科学研究医院在进行筛选时，对参选的工程师适当放宽标准。叶利谢耶夫没能通过测试，但也没有放弃，而是参加了航天员特殊训练课程。

这一批次的选拔测试中最不同寻常的是减速负荷试验，受试者要承受超过 10g 的过载。叶利谢耶夫在回忆中这样描述道：身体里感觉就像是被灌注了钢铁，有一股力量将身体死死地按在座位上。4g 的过载时，人已经无法移动双腿，手臂还能勉强移动；8g 过载时，人的视线开始模糊，只能看到自己的鼻子（正常情况下，人眼会自动忽略鼻子）；过载继续增大之后，眼中只剩下奇形怪状的颗粒图案；12~14g 过载时，人已经看不见任何东西，甚至呼吸都很困难，不过听力却不会受到太大的影响。叶利谢耶夫承受住了最大达到 18g 的过载。

科罗廖夫调整筛选项目的要求得到了回应，针对工程师航天员候选人的筛选用时更短，但增加了让人恼火的精神检查。精神检查共需

要 3~4 个小时，受试者不许抽烟，不过医生很可能一直抽烟，受试者不集中精力也有可能被判定为精神状态不好，还没有办法反驳。大多数工程师都被这项测试激怒了，叶利谢耶夫倒是顺利通过了精神检查，获得了成为航天员的资格。由于"联盟"1 号在太空中的故障，"联盟"2 号飞船发射任务取消，叶利谢耶夫没能进入太空。但在后来的降落伞试验中发现，"联盟"2 号与"联盟"1 号有着相同的缺陷。如果不是由于一系列故障导致任务终止，"联盟"2 号也会发射入轨，那样的话，遇难的航天员将会是 4 个人。

在"联盟"5 号的太空行走成功实现之后，叶利谢耶夫选择去中亚地区休假。以"联盟"6~8 号任务的共用后备航天员的身份返回设计局后，叶利谢耶夫突然被米申要求参与飞行任务，因为有一组航天员的表现让米申很不满意。但是，最后进行的第二次太空飞行以失败告终，叶利谢耶夫很失望，也更加期待第三次太空飞行能够成功。

鲁卡维什尼科夫也是工程师出身，有一个十分关心自己却不在身边的生父。母亲与继父都是铁路设计师，总是带着他到全国各地游历。在莫斯科完成高中学业之后，鲁卡

维什尼科夫选择了在莫斯科工程物理学院继续学习。毕业之后，他参与了苏联首批计算机"乌拉尔"的研发工作，又参与了自动控制与核反应堆保护系统的试验。这个常常表情严肃的工程师对技术始终充满着热情，经常在摆弄旧仪器的同时考虑新发明，甚至还曾尝试改进直升机设计。鲁卡维什尼科夫曾对沙塔洛夫开玩笑说自己的志向就是让冰箱变成吸尘器。

这个身材瘦小的人实际上十分热衷于锻炼，身体素质非常好，喜欢骑自行车或者摩托车，假期中则会选择只身一人深入崇山峻岭亲近大自然。他在获得选拔资格后，很快就通过了所有测试，并参与到苏联的登月计划中。不过由于美国"阿波罗"计划的顺利进行，苏联重新分配了参与登月计划的人员。鲁卡维什尼科夫加入 DOS-1 空间站交会对接任务团队，如果一切顺利，按照顺序，这个新手航天员将成为第一个进入人类首个空间站的人。鲁卡维什尼科夫的同事们还为他进行了一场庆祝。

在空间站发射前不久，叶利谢耶夫和沙塔洛夫作为知名的航天员，受邀参加了苏联共产党第二十四届代表大会。会上，记者曾问沙塔洛夫准备何时再次进入太空，沙塔洛夫回答他随时都准备着，条件允许的话第二天发射升空也可以。为期 6 天的政治会议之后，3 名航天员于 1971 年 4 月 6 日回到了拜科努尔发射场，在空间站与"联盟"10 号飞船上接受了最后一轮培训。

空间站的发射时间定在了 4 月 19 日，不过克里姆林宫对空间站的名字"曙光"并不满意，因为这与地面控制中心的无线电呼叫信号同名，而且有传言说中国的火箭已经用"曙光"命名了。在此后的大量

🌑 "礼炮"号空间站

讨论中，"礼炮"这个在俄语中有"问候"之意的名字获得了大家的认可。不过临近发射，喷涂已经来不及修改了。因为空间站在轨运行期间美国人不可能拍摄到它的名字，所以只要大家一致无视"曙光"这个名字就好。

1971 年 4 月 19 日，莫斯科时间早上 4:39，"礼炮"号空间站发射成功，这也是人类历史上第一个空间站。

2.5 失望的"花岗岩"

1971 年 4 月 22 日，几位航天员到达发射台后通过服务塔架进入飞船，并将自己固定在座椅上，静静地等待莫斯科时间 3:20 的发射指令。虽然经过了一夜的暴雨，但技术人员判断这并不会影响发射。然而 3 位航天员听到的指令却是：准备撤离，延迟一天发射。沙塔洛夫对此并不意外，由于突然出现故障而延迟发射这种事已经不是第一次出现了，但是首次执行发射任务的鲁卡维什尼科夫则十分痛苦。沙塔洛夫明白他一定是觉得任务完蛋了，于是赶紧鼓励他要振作起来，明天一定能成功发射。

技术人员在检查后确认，发射塔架的第三台阶脐带式管线未能撤离，只是因为暴雨后连接器积水结冰，并不影响发射任务。

第二天晚上，"联盟"10 号顺利发射，进入比预定轨道略高的轨道，轨道高度为 210~248 千米，倾角 51.6°，绕地周期 89 分钟。进入轨道时，"联盟"10 号飞船与"礼炮"号空间站距离 3456 千米。绕地飞行 3 周并确认飞船工作正常之后，第四周将会执行自主轨道机动。不过由于陀螺仪故障，指令程序出现逻辑错误，自主机动没有顺利执行。最后经过地面计算，沙塔洛夫选择手动操纵，完成轨道机动，推力发动机共持续点火 17 秒。

苏联电视媒体的报道习惯是在发射成功之后 8 小时左右播出发射新闻，报道"联盟"10 号的节目中包括提前录制好的对沙塔洛夫的采访以及他在航天器内的画面。此次任务中，飞船的无线通信呼号为"花岗岩"。苏联官方新闻机构对飞行任务的报道十分简洁，提到了航天员在实施"联合实验"计划，但是对"礼炮"号本身的数据以及任务目标都没有介绍，空间站遇到的通气风扇故障以及科学舱盖板未能抛除的故障也都没有提及。目的达成之前始终保持保守性的报道是苏联官方媒体的一贯方式，而这种报道常常带来很强的神秘感，人们相信"礼炮"号空间站只是苏联充满野心的航天计划中的第一步，"联盟"4号与"联盟"5号的任务只是预演，以后的任务会更为大胆。西方有媒体甚至猜测空间站中配备有离心机来模拟地球重力，并且预留了多个与"联盟"号飞船匹配的对接口，"联盟"10号飞船则会在对接后留下，用以扩大空间站规模。

"联盟"10号飞船与空间站距离接近到16千米时，"针"对接系统开始工作，雷达锁定空间站应答器后，"针"自动引导飞船接近空间站。此时的地面指挥大厅里简直人满为患，除了身份较高的将军、官员等人坐着外，大部分人都在站着观看。此刻最紧张的人就是"针"的总设计师，因为"联盟"7号飞船与"联盟"8号飞船的对接失败就是由于"针"的故障导致的，为此他遭到了严厉的批评。

原则上，在执行关键任务的时候，大厅里的众人应该保持安静，让飞行控制指挥和通信员能够与航天员顺利沟通。而此时，回荡在大厅里的主要是米申和克里莫夫将军的声音，并且都是毫无意义的大喊。航天员报告飞船与空间站相距两秒，米申大喊为什么报告秒数，他需要知道千米数。飞行控制指挥阿加贾诺夫无法集中精力，只得大喊："我知道你们在距离目标10千米处，别打扰。"事实上这是两句话，前一句报给了"花岗岩"，后一句喊给了米申，因为他太吵了。但是他说出第二句的时候并没有关闭麦克风，3名航天员惊讶地表示自己只是念出表盘数据而已。这还仅仅是个开始，阿加贾诺夫全程都在不停地与两边说话，既要向"花岗岩"发布指令，又要向米申等人解释状况。航天员要在吵吵嚷嚷中分辨出哪些是对自己说的，哪些不是。一位在现场工作的飞控人员甚至抱怨，早上自己心脏病没有发作都是造化。

值得庆幸的是，"针"的多数工作都可以自主完成，航天员不需要太多的操作。在这无厘头闹剧一样的氛围中，大家几乎都疯了，只有"针"在兢兢业业地工作。"联盟"10号飞船与空间站最终接近的速度约为30厘米/秒，对接过程自主进行，飞船前端的探头完全进入空间站的漏斗形锥套时会被机械装置咬合，之后密封圈对接合部分进行密封。在这个过程中，飞船出现过短时间的震动，不过很快就消失了。航天员继续等待，但没有收到完成对接的信号，传回来的警告信号显示机械装置已经停止运转。

参与过控制系统研发的叶利谢耶夫很清楚发生了什么：飞船在完成捕获之后控制系统仍在运转，对接过程中飞船姿态发生了变化，控制系统纠偏功能生效，开始自动调整姿态，但因为此时探头已经卡在锥套内，纠偏产生的巨大扭力使探头杆出现了损坏导致对接失败。然而身处飞船之中，叶利谢耶夫束手无策。飞船中的食物、空气和水只有3天的用量，此时唯一的选择就是放弃任务返回地面。脱离过程在设计时设定为只有在对接完成时，释放指令才会生效。此时，对接并未完成，释放指令是无效的——第一次尝试释放失败了。只能采取应急处理措施了，要么选择切断对接结构，要么选择放弃轨道舱。但是这两种方式都将导致"礼炮"号唯一的入口被破坏。

为了拯救人类第一个空间站，工程师日沃各洛托夫快速地总结了8个导致对接失败的原因，并将拯救方案发给了鲁卡维什尼科夫，如此高的效率让整个控制室的人叹服。鲁卡维什尼科夫按照拯救方案进入轨道舱重新连接了许多电缆，以使对接机构能够识别空间站发出的释放指令。飞船在与空间站对接飞行5圈之后终于脱离了，航天员得救了，空间站也得救了。

按照30天的工作计划，"联盟"10号飞船将在白天返回。但是仅仅工作48小时后就被迫返航，夜晚降落无法避免，沙塔洛夫选择手动操作来完成轨道脱离。外面一片漆黑，他只能依照仪表飞行。降落过程由控制系统自主完成，航天员们连月光都看不到，无法辨别地球的位置，只好任凭系统操作。发动机熄火后，推进舱与轨道舱被自动抛除，着陆舱进入大气层后发生剧烈摩擦，发出了耀眼的光。这让沙塔洛夫这样资深的航天员都大为震惊。烧蚀层燃烧后产生的橙色和红色火焰让此时的着陆舱看起来就像一颗流星。

降落过程一切顺利，通常着陆舱返回落地时都会倒向一边，而这次却是正面朝上完美着陆。

这是一次有惊无险的飞行，虽然没有完成任务，但鲁卡维什尼科夫因为解决飞船脱离故障时的出色表现而被授予"苏联英雄"的称号。不过在庆祝仪式上，3位航天员都没什么笑容，脸上写满失望。按照苏联的报道传统，任务失败也不能明说。叶利谢耶夫在记者招待会上被要求描述"礼炮"号空间站，他只好按照准备好的内容对空间站的内部进行描述，对飞行任务避而不谈。

2.6 冥冥之中

载人航天计划中，航天员机组的选拔与培养非常重要。航天员要保证拥有足够熟练的技术能力，还必须有足够优秀的身体素质，尤其是飞行任务即将到来时，许多可能受伤的体育运动都会被禁止以防止受伤，如果得了大病也会被取消本次任务的飞行资格。如果任务的原定成员中有人因伤因病不能飞行，而任务又需要整个机组共同完成，按照规定，不能从其他机组单独抽调航天员来替换，唯一的方式就是替换掉整个原定机组，因为不同机组的航天员混搭配合可能无法保持默契。"联盟"11号飞船的原定机组人员名单定下来的第二天，航天员库巴索夫由于检查出患有肺结核而不能参与飞行。米申按照规定替换了整个机组，最后执行任务的航天员分别是多布罗沃利斯基、沃尔科夫和帕查耶夫。

多布罗沃利斯基出生在乌克兰黑海边的敖德萨，由母亲独自将他抚养成人。无论生活多么艰苦，他的母亲都不曾悲伤和抱怨，这也形成了他冷静、坚毅的性格。二战期间，敖德萨被纳粹占领。不满16岁的多布罗沃利斯基参加了当地的游击队，悄悄提供纳粹军队的动向等情报，邻居还曾送给他一把贝雷塔左轮手枪。只是这把手枪还没有在战场上发挥作用，就被纳粹在搜身时拿走，多布罗沃利斯基也因此被逮捕并遭到了严刑拷打。纳粹没有审问出任何其他人的信息，于是给他的罪名只有持有枪支，判处他被发配25年——这已经足够幸运，当时携带过武器的年轻人基本上都会被处死。这个饱受折磨的少年，在押送他的卡车上计划着如何逃跑。但是当他看到为他送行的母亲时犹豫了，因为他逃跑的消息传回来，受到牵连的很可能是母亲。入狱之后，他并没有放弃收集前线的消息。苏联红军在向纳粹营地步步逼近的同时，纳粹也开始了更加疯狂的镇压，大量犯人被处死。他的亲戚赶来花钱买通了看守，让多布罗沃利斯基入狱1个月之后成功脱逃回家。3周之后，家乡教德萨就得到了解放。多布罗沃利斯基由于年龄太小申请参军失败，于是重新回到学校完成学业。

按照家乡教德萨的传统，人们习惯了大海与蓝天，成为海军驰骋海洋是普遍的梦想，不过多布罗沃利斯基却因为错过了申请时间未能如愿。没有大海，那就选择蓝天吧，进入空军学校学习还可以获得新的制服以及上等的伙食。

18岁时，他完成了首次独立飞行，这次飞行也让他意识到，天空是他的全部，空军飞行员才是他梦想的职业。凭借出色的飞行技能，他尝试过在各种天气条件下驾驶多种飞机。他不光喜欢驾驶飞机飞行，对跳伞也有近乎狂热的喜爱，甚至在加入航天团队之后还被任命为跳伞教练。艰苦的童年与残酷的战争给多布罗沃利斯基留下了

抹不去的痕迹，但也让他深知人间的苦难并成为平静而温厚的人。他良好的品格在家人与朋友们之间广受称赞。

多布罗沃利斯基最初参与的是L1绕月航天器项目的训练，经过筛选之后参加了"钻石"号空间站的训练，并获得了"联盟"号飞船的驾驶资格。L1项目取消之后，他又被安排到N1-L3项目参与训练。不过随着N1火箭事故的发生，苏联的登月计划大受影响。

"联盟"10号与"礼炮"号空间站对接失败后，人们将希望寄托在"联盟"11号身上，而主机组成员因为意外生病被排除出任务，多布罗沃利斯基领导的候补机组成员突然就有机会成为第一批进入"礼炮"号空间站的航天员。

另一名成员沃尔科夫有着很强的幽默感与迷人的笑容，再加上强健的身体，他看起来更像是一个文艺界或者体育界的明星。他也确实擅长运动，曾多次参加足球锦标赛，并且加入了足球俱乐部。除了这项运动，他还擅长手球、冰球、网球与拳击，同时还是国际象棋高手。

事实上，年少时的沃尔科夫又瘦又矮，但是性格火暴，不惧冲突。

他的父亲是航空工程师，母亲在飞机制造厂工作，叔叔则是战斗机飞行员。由于家住机场附近，飞行员与航空工程师常常会到他家里做客，这简直是完美的航空人才培养环境。

沃尔科夫中学毕业后选择了在莫斯科航空学院学习，并成了飞机导弹方面的机电工程师。他在 OKB-1 工作期间的同事都赞赏他的能力，不过也承认他并不好相处。强烈的自信与求胜心让他在足球比赛中基本没有传球，要么得分要么丢球。

沃尔科夫参与了"上升"号飞船火箭控制系统改进型的设计，先后做过"东方"号飞船总设计师的副手与"上升"号飞船总设计师的副手。在"东方"号飞船成功地将加加林送入太空后，沃尔科夫为自己做出的贡献感到十分自豪。飞行的梦想来自童年，即使在成为工程师多年之后也并没有消失。沃尔科夫选择加入了航空俱乐部学习飞机驾驶，并获得了飞行员证书。随后他以工程师的身份报名参加了航天员的选拔，不过第一批次的选拔他并没有通过。他十分不满地去找科罗廖夫抱怨，不过并没起到什么作用，反倒让他更生气，甚至告诉朋友自己要去足球裁判学校学习，以后去当裁判。

裁判梦没能成为现实。但沃尔科夫通过了医学检测，经过后续的训练与工作之后，被任命为"联盟"7 号的飞行工程师。虽然"联盟"7 号与"联盟"8 号对接失败，但沃尔科夫还是实现了他的首次太空飞行。

沃尔科夫不管做什么事情都保持着高昂的热情，总能用自己的魅力感染周围的人。在确认成为"联盟"11 号飞船飞行任务机组成员之后，几位航天员与家人和朋友举行了盛大的聚会，沃尔科夫像往常一样又唱又笑，成了聚会中的焦点。不过他自己却说总有种不好的预感，感觉在太空中会出事。

帕查耶夫是"联盟"11 号机组的研究工程师。他是一个身形瘦高、沉默寡言的人，与沃尔科夫的性格完全相反。他从小就十分安静，喜爱技术研究，同时沉迷于阅读与写作，学生时代就经常在报纸上发表影评和文学评论。大量的阅读使他在音乐、历史、艺术上也有很高的修养。由于性格与爱好的原因，他最擅长的都是个人项目，包括滑雪、国际象棋、自行车与射击，他参与过的集体项目只有手球。帕查耶夫取得了机械工程师学位之后，成为中央高控气象观测台的设计师。虽然他对工作环境感到不满，但是这并没有影响他去努力工作。靠着出色的工作能力，他只用了两个月就转为正式职工，而不是其他人常用的一年时间。新的工作给了他更广阔的视野，他也找到了工作的乐趣。

科罗廖夫用笔名在《真理报》上发表的火箭学文章，深深吸引了帕查耶夫，于是，这位年仅24岁的气象火箭高级工程师在讨论会上见到科罗廖夫之后，便立即毛遂自荐。科罗廖夫十分欣赏他，并将他调到OKB-1开始设计工作。

设计工程师的工作带给了帕查耶夫新的热情，也让他产生了成为航天员的想法。不过参与选拔的技术人员人数很多，帕查耶夫经过一年多的努力才通过了选拔。帕查耶夫为自己能够参与训练而高兴，他安静谦逊的个性与出色的学习工作能力也迅速得到了航天员们的尊敬。

◐ "联盟" 11 号航天员，从左到右分别为多布罗沃利斯基、沃尔科夫、帕查耶夫

 # 2.7 轨道上的家

"联盟"11号飞船各系统准备就绪后，只等航天员就位。1971年6月6日，3名航天员在进行完发射前的医学检查后，乘坐专车抵达发射台。他们身着灰色棉质航天服，戴着配有苏联徽章的飞行员帽，出现在已经等候多时的技术人员、工人、军官与记者面前。每个人左臂上都佩戴着一个长三角形的臂章，深蓝背景中黄色火箭离开地球飞向星空的图案与臂章下部"CCCP"（"苏维埃社会主义共和国联盟"的俄文缩写）的字样都格外醒目。

沃尔科夫、帕查耶夫与多布罗沃利斯基在技术人员的帮助下先后通过轨道舱的侧舱门，穿过内舱门，最后进入返回舱。3名航天员将返回舱与轨道舱之间的内舱门与外舱门关闭，舱内一下子陷入了安静。他们戴上配有耳机与麦克风的白色网帽，保持与地面指挥的通信。

火箭点火发射升空后先是垂直上升，之后转向东北方向继续爬升，各级火箭工作正常。上午8:04，在中国北方上空，第三级火箭发动机关闭，飞船分离后入轨，天线与太阳能电池板都顺利展开并开始工作。"联盟"11号的轨道高度为185~217千米，轨道倾角51.6°，绕地周期88.3分钟；同一时刻"礼炮"号空间站的轨道高度为212~250千米，轨道倾角51.6°，绕地周期88.3分钟，二者在同一个轨道平面内。

"联盟"11号飞船的返回舱外形为钟形，内部共有2.5立方米的自由空间供航天员使用，舱壁上设置了两个小舷窗。轨道舱内则设置了4个较大的舷窗，朝向四个方向，观测飞船外的空间比较方便。3名航天员适应了失重时血往上涌的感觉之后，一同来到轨道舱内观看地球。这个时候的地球是一个无比美丽的球体，飞船的正下方反射着太阳光的太平

洋是一片柔和的深蓝色,地平线附近则变成了黑灰色。

失重环境让几位航天员都感觉头脑发胀,不过睡眠质量还不错,足以保证良好的工作状态。

"联盟"11号飞船与空间站不断接近,地面指挥大厅里所有人都十分紧张。原本只有几个岗位的主控制室,愣是挤进去了上百人,都是为了能看到这关键性的一刻。

飞船经过了两次轨道机动之后,来到了与空间站交会对接的理想轨道。飞船与空间站距离缩小到7千米后,"针"自动交会系统与空间站建立了通信连接,确保准确捕获。距离进一步缩小,"针"自动交会系统使飞船与空间站的距离保持在了100米,同时空间站根据指令调整姿态使前端对准飞船。航天员将控制方式切换到手动。所有人都在担心会不会发生像"联盟"10号一样的振动故障,而改进后的控制系统不负众望,空间站在轨第795圈、"联盟"11号飞船在轨第16圈时,对接程序顺利完成。

控制室里一片欢呼与喝彩,阿加贾诺夫让大家等到航天员进入空间站后再去庆祝。对接之后的气密性与增压系统都需要检查,空间站出现过风扇故障,内部空气需要检测是否适合呼吸。

各舱段的气密性良好,帕查耶夫于6月7日10:45成功进入了人类第一个空间站。不过他待了没几秒就被熏了回来,因为空间站内有一股难闻的味道,帕查耶夫选择戴上面罩再进去。地面人员无法确定异味的来源,因而无法判断这是否会影响航天员的健康。航天员在检查了空间站设备后确认气味来自风扇绝缘层磨损,打开空气再生系统后,异味得到有效控制。

按照计划,3位航天员将于6月30日返回地面,这样"联盟"9号飞船持续5天的任务记录也将被打破。最重要的是,空间站经过近两个月的等待,终于开始工作了。"礼炮"号空间站的工作舱总长7.7米,容积74立方米,如果把过渡舱的空间也算在内,容积将达到82立方米。空间站携带的科学仪器包括X射线望远镜、红外望远镜、光谱仪、光学放大镜,还有多种照相设备。不过由于保护罩未能打开,这些仪器都无法使用,舱内的医学研究设备倒是不受影响。

需要休息时,航天员会钻进空间站内准备的睡袋中。在睡袋里面睡觉并不舒服,不过这东西能防止失重的人在睡梦中到处"飞"。

在地面上生活的人们由于要克服自身重力,许多肌肉在日常行为中就能得到锻炼,但是长期处在失重环境中的人们用不到这些肌肉,很快就会出现肌肉与力量的衰退。于是工作舱内专门设置了锻炼器材,包括跑步机、脚踏车和扩胸器。在使用跑步机时,已经失重的航天员需要用绳索把自己和跑步机连在一起。这种奇怪的跑步方式也有一个好处——膝盖可以免受冲击。

舱内的医疗设备用来帮助航天员减轻疼痛、抑制病菌和舒缓压力,不过航天员良好的身体素质让这些基本都成了摆设。

与工作区域隔开的一个小空间内,安装有厕所、清洁装置与空调。

工作舱内壁有不同的喷漆颜色,前后为浅灰色,底板为暗灰色,墙面有绿色和黄色,这种设计用来帮助航天员辨别方向。

空间站洗不了澡,个人卫生只能用擦洗的方式处理,经过杀菌的干纸巾、湿纸巾与专用毛巾就是个人卫生工具。

温度调节系统共有两台设备,一台制冷,一台制热。舱内空气温度一直保持在15℃~25℃,湿度范围是20%~80%,舱内气体流速不超过0.8米/秒。墙上的许多有锁的柜子装着航天员们需要的设备、工具、衣物和文件。

"联盟"11号飞船上的3位航天员按照计划要在空间站工作生活20多天,其间,有大量的工作要完成,轨道上无法提供正常的昼夜周期。生物医学问题研究所的生物节律专家专程与地面控制中心沟通,希望能修改工作计划,因为当时的工作与休息安排已经偏离了正常的生理节奏,这对

对于如何在太空写字,曾有一个古老的趣闻,说NASA花费数百万美元用数年时间研制了不需重力就能出墨的原子笔,而苏联人则十分淡定地选择了铅笔。故事来源难以考证,许多文艺作品也常常煞有介事地引用。其实,NASA在早期的载人航天活动中使用过铅笔,只是铅笔的笔芯容易碎裂,碎片导电且可燃,"阿波罗"1号的可怕火灾更是让人们不敢忽视可燃物,于是NASA选择了订购用油墨写字的太空笔。

太空笔

在介绍早期航天员时，大家通常比较关注他们在职期间的经历，其实航天经历对人的心理影响可能更为深远，获得的关注却很少。早期的航天员们离开曾经的岗位之后的选择可谓五花八门。有些留在航天系统继续工作；有些投身于宗教事业，专心传教；有些开始相信外星人的存在，并积极设法寻找；有些选择余生远离航天，似乎那是无法提及的伤痛。高高在上远离地表的狭小空间，对人类心理的影响比想象得更大，而此前又没有足够的研究，这些影响常常被忽视。

航天员来说非常难受，即使没有立即凸显，也会引起他们后期的神经紊乱。项目组予以拒绝，因为任务的意义太过重大，而航天员们又确实状态良好。

不过，这种良好的状态并没有维持多久，航天员的心理状态很快开始恶化。持续的工作让人压力巨大，空调机单调而规律的轻微噪声也让人异常烦躁，难闻的气味更加剧了心理负担。航天员感受不到快乐，甚至觉得地面控制中心就是在测试几个人的耐受力。这也不能责怪航天员，毕竟他们一起参与训练只有不到4个月，又是临时替换来执行任务，对苛刻环境以及高强度工作的适应能力的确不足。习惯用军事纪律进行管理的指令长与长期无视权威的老航天员在烦躁的情绪中一同合作，常常把小问题发展成争吵。地面控制中心意识到问题的严重，只好充当临时的心理医生，远程安抚他们的情绪，让他们重新感觉到沟通与合作的乐趣，免得在封闭空间中陷入抑郁。

 2.8 归途与前路

在空间站内工作的日子，3位航天员开展了大量的科学工作，收集了许多数据供地面专家分析。1971年6月30日，这次任务的第25天，3位航天员做完最后的检查，准备返回地面。一切就绪之后还与即将退休的卡马宁将军专门进行了一次通话确认状态。从飞船开始调整方向准备返回，到最后返回舱降落在西伯利亚哈萨克大草原上，共需要约90分钟。为了保证轨道上有良好的能见度，着陆时间定在了黎明，这样可以让航天员及时注意再入角是否处在合理范围，因为方向上的微小误差都可能导致飞船返回舱的着陆点偏离上百千米。过小的再入角会导致再入大气层失败，飞船没能降落却跑到了低轨道，舱内氧气的储量不足以进行这样长时间的飞行。

即将返回地球带来的快乐让航天员们十分兴奋。返回的过程中控制系统会自动调整飞船的方向使舱段分离，此后返回舱的返回路径、开伞方式、防热罩抛除、制动火箭点火和降落伞抛除都由控制系统自主完成，航天员可以安心等待回家。再入大气层阶段由于舱体外烧蚀层与空气会发生剧烈摩擦，因此通信会中断。

按照流程，恢复通信之后航天员要及时与控制中心回话确定状态，不过控制中心收到的始终是静默，即使在雷达已经确认飞船正在返回途中。控制中心人员猜测飞船的无线电系统可能发生了故障。返回舱下降过程中，小减速伞与大减速伞都顺利展开，在舱体离地面高度约为1米时，4台小型制动火箭自动点火，完成软着陆。

任务执行总时间为23天18小时21分钟43秒。等待着的救援直升机立即飞向目标。

　　5 分钟之后，控制中心还是没有收到任何信息，只有卡马宁的信道收到了代码"111"。苏联航天用从"5"到"1"来表示航天员的状况，"5"是非常好，"1"则是航天员牺牲，而"111"恐怕是最悲惨的灾难。

　　回收小组到达现场之后确认舱体外观没有损伤，但是敲击舱体之后却没有得到舱内的回应。打开舱门时，大家看到 3 名航天员一动不动，脸上出现了深蓝色的斑点，耳朵鼻子都有出血现象。营救人员竭尽全力将他们从狭窄的舱体中拖出，几个人的身体仍然柔软，只有多布罗沃利斯基的身体还有体温。医生尝试用心肺复苏工具尽心抢救，然而抢救最终失败。3 名航天员都死于窒息，死亡时间已经超过了 30 分钟。

　　原本用来记录振奋人心的着陆时刻的摄像机无情地记录着这一场悲剧。对地面人员来说，这荒谬的灾难简直是无法承受的痛苦，设备、时间、天气都处在良好的状态，但回来的却是 3 具尸体。苏联国家新闻社在 6 月 30 日早上 6 点报道了 3 位航天员的死讯，随后莫斯科各电视台先后播报了公告。在三周多的时间里，3 名航天员打破了无数航天纪录，证明了苏联在载人航天与轨道技术上的实力，在辉煌胜利的最后一刻却突然成为一场悲剧。这场灾难带来的震惊与痛苦甚至超过了 1968 年加加林遇难。航天作为全人类的事业，其中的悲喜自然会触动所有人。随后他们获得了苏联的国葬，世界多个国家纷纷发送唁电，包括伊丽莎白二世女王、罗马教皇、尼克松总统、蓬皮杜总统、周恩来总理、甘地总理等领导人。

　　灾难已然发生，调查事故原因才是重点。由于在这次任务中，航天员要长期处于失重状态，因此很多人猜测过久的失重环境导致人类无法生存。NASA 因此也十分紧张，这是在以往的实验中从未发现的现象，如果属实，那么未来的航天计划都要做大量改动。但苏联官方经过对在轨期间人体监控数据的研究，确认航天员的死因与失重和人体生理功能紊乱无关，唯一的可能就是飞船本身存在问题。

　　调查事故的专门委员会调查后确认，飞船在再入大气层之后出现了快速的气压降低，舱门经过检查后确认并无缺陷，唯一可能的原因是返回舱顶部的两个阀门中的一个发生过早开启。苏联的飞船返回舱较为狭窄，为了能够让 3 名航天员容身，航天员只能选择不穿压力服。失去了压力服这最后一层保护，飞船的状态直接关系到航天员的安危。不穿压力服的决定最初来自科罗廖夫，只有卡马宁曾多次试图说服科罗廖夫撤回这一决定。但科罗廖夫坚持要加快苏联航天的发展速度，而且对飞船质量十分自信，不穿压力服也因此成为默认的传统。阀门意外开启之后，航天员需要约35秒才能关闭阀门，这还不包括判断究竟是哪一个漏气的时间。在气压快速降低的环境中，有效的意识最多维持13秒，远远不够自救。不穿压力服的传统最终成为灾难的元凶。

　　苏联的载人航天因为这次灾难受到了巨大的冲击，经过两年的技术改造之后才再次开展载人航天，"联盟"号飞船也只允许乘坐两名航天员。本已经要退休的卡马宁将军受到牵连而遭到免职处罚。

　　"礼炮"2号空间站在1973年才得以发射执行军方任务，这个空间站顺利发射入轨，控制中心却在"联盟"号飞船已经准备好发射时丢失空间站信号。再次捕获空间站信号之后，发现舱内气压急剧下降，且姿态失去稳定，剧烈翻滚。苏联官方分析失败的原因是"质子"号火箭第三级发生爆炸，碎片击穿了空间站外壳导致舱内气体泄漏，姿态失稳。

　　"礼炮"3号空间站于1974年6月24日发射，这也是执行军方任务的空间站，其上搭载的任务设备包括侦察照相系统和一门高速航空机炮，任务目的是侦查美国及北约的机场和航母。机炮用作防御，没有被使用的相关报道。实际上，如果真的在太空发射子弹，就会制造大量的太空垃圾，空间站的姿态和

为图-22轰炸机配备的R-23航空机炮，经改装后用于"礼炮"3号空间站

位置也会因为反作用力而受到巨大改变，这是一种近乎自杀的方式。同年7月，"联盟"14号飞船完成了与空间站的对接。8月，"联盟"15号对接失败。

　　"礼炮"4号空间站于1974年12月26日发射，用于执行科研任务。这个空间站的轨道更高，并且执行了天文物理以及植物培育方面的任务。"联盟"17号飞船与"联盟"18号飞船先后与空间站对接成功，航天员

还完成了出舱进行维护老化设备的任务。

"礼炮"5号作为第一代空间站的收官之作，再次选择了执行军方任务。完成两次成功的对接任务，并积累了多项试验数据，为下一代空间站的研制打下了基础。

"礼炮"6号空间站和"礼炮"7号空间站作为苏联的第二代空间站，设计上得到了较大的改进，技术的应用也更为成熟。"礼炮"6号空间站从1977年9月29日进入轨道到1982年7月29日坠毁，在轨飞行达到了1760天，曾与32艘飞船和1个空间舱完成对接，33名航天员分16组进入空间站内工作，有人工作时间累计达到940天。

空间舱是一个无人的在轨舱体，与空间站对接是为了给以后建立模块式空间站做前期试验。从1980年11月发射的"联盟"T-3号载人飞船开始，苏联恢复了"联盟"号飞船一次载3人的规格，航天员的增加让载人航天的科研效率大大提高。"礼炮"7号空间站作为"礼炮"6号的加强型，性能更加强大，实验任务也更为复杂，曾与21艘飞船和两个空间舱成功对接。值得一提的是，苏联第二位女航天员萨维茨卡娅两次登上"礼炮"7号空间站，并成为第一位太空行走的女航天员。

🔺 萨维茨卡娅

人类在探索未知领域的道路上总是少不了鲜血与汗水，甚至生命，不过英雄们不会被遗忘。在登月项目中败给美国之后，苏联选择用空间站开创新的探索时代，而且，他们成功了。

2.9 美国人的"天空实验室"

　　"礼炮"号空间站作为人类首个长期驻留太空的航天器，虽然遭遇了诸多挫折，甚至付出了航天员生命的代价，但仍旧取得了辉煌的成就。从 1971 年至 1986 年共计发射了 9 个"礼炮"系列的单模块空间站，其中包括 6 个用于科研的空间站和 3 个用于军事侦察任务的空间站。"礼炮"号系列空间站打破了多个当时的航天纪录，如单人单次最长太空飞行时间等，当然这个纪录在人类后来的航天活动中不断地被刷新，不过，"礼炮"号空间站在航天历史上的开创性仍是值得我们铭记的。

　　就在苏联人热火朝天、接二连三地向太空发射可以长期"留守"的空间站的时候，美国人的"阿波罗"计划也已经接近尾声，登月计划在耗费了大量金钱之后，是否取得了有价值的科学研究成果，各方的认识略有不同，甚至有人对该计划持批评意见。"阿波罗"17 号于 1972 年 12 月 11 日成功登陆月球，为"阿波罗"计划画上了一个圆满的句号。"阿波罗"计划之后，美国人怎会无视苏联人长期待在太空并从高处俯瞰自己？他们认为当务之急是尽快把美国人送到太空"站岗值班"，当然为了空间站的名称不至于火药味太重，美国人将这一计划命名为"天空实验室"。

　　为了能尽快地建造出美国人自己的空间站，同时也为了少花些钱，避免再像"阿波罗"计划那样因为开销巨大而饱受批评，美国人想出了一个绝妙的方案——利用"土星"5 号运载火箭的第三级作为空间站的主体。当然这个方案也不是临时抱佛脚想出来的，早在 1966 年，NASA 就提出了这个名为"土星 S－IVB 级箭体试验模块"（SSESM）的方案，这个方案当时在竞标中曾落败于美国空军的载人轨道实验室（MOL）

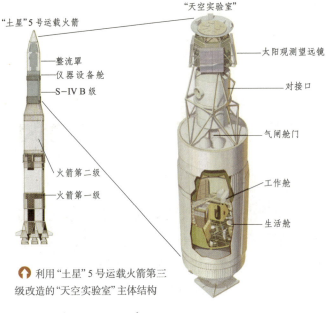

"土星"5号运载火箭

整流罩
仪器设备舱
S–IV B级

火箭第二级
火箭第一级

"天空实验室"

太阳观测望远镜

对接口

气闸舱门

工作舱

生活舱

利用"土星"5号运载火箭第三级改造的"天空实验室"主体结构

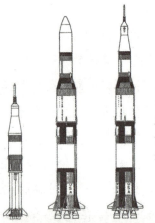

从左到右分别为运送航天员的"土星"1B运载火箭,运送"天空实验室"主结构的"土星"5号运载火箭,用于"阿波罗"计划的"土星"5号运载火箭

利用"阿波罗"飞船的指令服务舱向"天空实验室"运送航天员

方案。

"阿波罗"计划结束后,为了能够充分利用剩下的3枚"土星"5号运载火箭,SSESM方案再次被提起。这样,就可以利用"土星"5号运载火箭的第三级作为"天空实验室"的主体结构,用下面的两级"土星"5号火箭进行发射,同时还利用了"阿波罗"飞船的指令服务舱运送航天员。这个方案最大限度地降低了开发新航天器的工作量,缩短了研制进度,节省了大量的研制经费。

1973年5月14日,美国在肯尼迪航天中心发射了"天空实验室"的轨道舱及其他在轨运行的部件,包括多用途对接舱、太阳观测望远镜、气闸舱、控制设备单元。这些部件作为一个整体,由"土星"5号运载火箭一次发射升空,进入高度为435千米的近地圆轨道。

这次发射并不顺利。

在火箭起飞 63 秒后，"天空实验室"的微流星/阳光防护罩和一个太阳能电池翼就被高速气流冲掉了，没有了防护罩以及足够的电力供应，轨道舱内的温度急剧上升。眼看赶超苏联人的努力就要付诸东流，美国人尽了最大的努力挽回"天空实验室"。11 天后，5 月 25 日，3 名航天员搭乘飞船由"土星"1B 运载火箭发射升空，随后与"天空实验室"实现了对接。

完整的"天空实验室"各部分功能及数据见下表：

部件	指令服务舱	多用途对接舱	太阳观测望远镜	气闸舱	控制设备单元	轨道舱
功能	航天员升空及返回时乘坐	与其他航天器进行对接	太阳观测	舱外活动出入口	运载火箭控制	主要的生活与工作空间
长度(m)	10.5	5.3	4.5	5.4	0.91	14.7
直径(m)	3.9	3.2	3.4	3.2	6.6	6.6
工作区体积(m³)	5.9	32.3		17.4		302

航天员走出舱外，用一块遮阳帆布盖在受损的防护罩上，以阻挡阳光，并将另一个被卡住的太阳能电池板展开，使得电力供应恢复正常，这样，一个像是打了补丁的"独臂"空间站诞生了。舱内温度也恢复了正常，航天员们可以进入空间站开展工作了。

与"阿波罗"飞船对接后，"天空实验室"的总长度达到了 36 米。

只剩下一个太阳能电池板的"天空实验室"，轨道舱上覆盖着一块遮阳帆布，用于遮盖并保护受损的防护罩部位

航天员工作生活空间方面，"天空实验室"可提供总计360立方米的活动空间，这几乎是"礼炮"2号空间站的3倍。

"天空实验室"最大的部分是轨道舱，这是一个两层的复式结构：下层是航天员的生活区，可供航天员睡觉、准备食品、吃饭、整理个人卫生、处理废弃物等；上层是一个较大的工作区，有实验设备、贮水箱、食物贮藏箱、冷冻箱等，共11个食品贮藏器和5个食品冷冻器，可贮藏907千克的食品，不同种类的冷热食品分装在不同的金属盒内。

从1973年5月至1974年2月，"天空实验室"接待了3批航天员，每批3名，共进行了270多项研究实验。航天员们还在空间站里进行了三项非常有意思的太空飞行实验：第一项是背一个背包式推力器在实验室内四处飞行；第二项是在实验室外面，试验用新的喷气枪喷气，以产生反作用力来帮助飞行；第三项试验最令人感兴趣，航天员穿上一种喷气鞋，以帮助他向前、向后、向上或向下飞行，就像脚踩风火轮的哪吒一样，这个装置为航天员的太空活动带来了更大的便利。

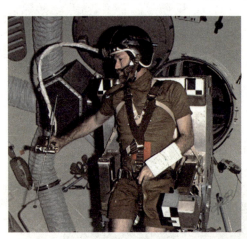

航天员在"天空实验室"舱内进行机动飞行座椅的稳定性飞行试验，这项技术最终在1984年发展成为舱外载人机动飞行装置

1974年2月，第三批航天员返回地球之后，"天空实验室"就被关闭了。20世纪70年代末，太阳黑子活动加强，大气内气体分子密度增加，"天空实验室"在飞行中所受到的阻力增大，造成它的运行轨道高度的降低比预计的快得多，原计划的10年轨道寿命已无法实现。这个曾经的太空庞然大物终于在运行了2200多天后，于1979年7月12日凌晨坠落，碎片如流星般划破长空，坠落在南印度洋海面和澳大利亚西部的沙漠地区。

"天空实验室"是用"阿波罗"计划剩余的"土星"5号火箭第三级改装而成的，所以"天空实验室"坠落之后，美国人在之后的将近20年里都没有自己的太空空间站。

第**3**章

太空中的和平之家

>>>

3.1 艰难的降生

　　从 20 世纪 70 年代初到 80 年代中期，苏联发射了两代共计 7 艘"礼炮"号空间站，开创了人类探索太空、长期居留太空的新篇章。"礼炮"号空间站现在看来是一个比较简单的设计，充其量只是一个稍大点儿的轨道飞行航天器，外形简单，研制与制造的周期短，通过"质子"号运载火箭一次发射就可以入轨，不需要在轨道上进行对接组装，因此技术风险和难度都比较小。这也是人类技术发展从易到难、从简单到复杂的必由之路。

　　经过一段时间的在轨应用，"礼炮"号空间站已经无法满足太空探索任务研究的需要了，它的不足之处是显而易见的，内部空间实在是太小了，无法安装更多的科学实验仪器设备，而且只能在空间站的前面或后面与飞船进行对接，无法扩展更多的大型分系统和有效载荷。各种设备和载荷都集中在一个舱段上，一旦发生故障，整个空间站都无法正常工作。在积累了一定的空间站设计研制经验之后，苏联人决定研发第三代空间站系统。

　　1979 年 2 月，"和平"号空间站的研制已被正式提到议事日程上，新的研制计划涵盖了切洛梅管理的"金刚石"计划。空间站设计方案增加了对接口的数量，以便在对接载人飞船的同时，还可以与货运补给飞船进行对接。由于科罗廖夫能源火箭航天公司负责空间站的整体设备，而当时赫鲁尼契夫国家航天研制中心的研发部门正在忙于"能源"号、"礼炮"7 号、"联盟"号以及"进步"号的工作，因此，由礼炮设计局具体开展"和平"号的设计与研制工作。新的空间站系统继承且吸收了在"礼炮"号空间站项目中得到验证的计算机飞行控制系统，同时也采纳了"金刚石"计划中所提出的回转陀螺仪的技术方案，另外，还设计开发了新的自动对接系统、"牛郎星"通信系统、氧气发生器以及二氧化碳过滤器等。

20世纪80年代初，美国的航天飞机独领风骚，苏联希望能尽快赶上美国人的步伐，因此支持"暴风雪"号航天飞机的早日升空，几乎所有的资金都被转移至"暴风雪"号航天飞机的研发，以至于在1984年初期，"和平"号空间站的计划几乎陷于停顿。

幸运的是，资金很快又回到了"和平"号空间站的计划中，在当年举行的苏联共产党第二十七届代表大会上，火箭专家瓦朗坦·格卢什科表示，"和平"号空间站一定能够在1986年初升空。

1984年4月12日（世界航天日）这一天，空间站被运送到拜科努尔发射场，做最后的系统整合与测试。1985年5月6日，"和平"号核心舱到达发射场。但在赫鲁尼契夫国家航天研制中心的地面模型测试中发现，核心舱需要更换或者重做2500根缆线中的1100根。1985年10月，"和平"号被推到无尘室做必要的修改完善。

⬆ "和平"号空间站的核心舱段

发射的第一次尝试是在1986年2月16日，但是由于通信问题而失败，第二次尝试是在1986年2月19日21:28:23（UT），这次发射获得了成功。

3.2 奔波在两个空间站之间

　　"和平"号空间站的核心舱发射升空多少有些仓促，原计划运送航天员去空间站的新型"联盟"号飞船还没有完成研制工作，迫不得已，只好继续使用"联盟"T型飞船来执行这项任务，而且是要同时完成与"和平"号和"礼炮"7号空间站的对接飞行任务。"联盟"T型飞船是苏联研制的第三代载人飞船，"联盟"T-15号飞船执行了该型飞船的最后一次太空飞行任务。

　　这次颇具历史意义的飞行任务代号为 EO-1，飞行任务指挥官列奥尼德·奇兹米与飞行工程师弗拉基米尔·索罗沃夫乘坐"联盟"T-15号飞船于1986年3月13日升空，两天后他们顺利地与"和平"号空间站对接。"和平"号空间站采用人货分离的方式进行人员与物资的运送，因此随后两艘"进步"号货运补给飞船也顺利地与"和平"号空间站实现了对接。两名航天员从货运补给飞船上卸下物资并搬运到空间站中。

　　完成第一个飞行任务后，航天员控制"和平"号空间站在飞行轨道上追赶"礼炮"7号空间站，并于5月4日接近了"礼炮"7号。在"和平"号空间站居住工作6周后，两名航天员乘坐"联盟"T-15号飞船离开"和平"号，前往"礼炮"7号空间站。这个奇特的飞行任务，是航天历史上唯一一次一艘飞船在两个空间站之间进行的。

　　与此同时，第四代载人飞船"联盟"TM-1也得以顺利发射升空。1986年5月23日，它以无人驾驶的方式与"和平"号空间站对接，驻留了7天之后离开。在此期间，测试了无人控制的"联盟"TM型飞船独立飞行并与空间站在轨对接的性能，为新一代飞船的载人飞行做好了准备。

两名航天员在"礼炮"7号空间站持续工作了50天，随后乘坐"联盟"T-15号飞船于6月26日返回"和平"号空间站，并带来了来自"礼炮"7号空间站上的科学仪器，其中包括一台光谱仪。接下来他们在"和平"号空间站上继续工作生活了20天，开展了对地观测等工作。圆满完成穿梭于两个空间站之间的飞行任务后，EO-1任务的机组成员于1986年7月16日离开"和平"号空间站，乘坐"联盟"T-15号飞船返回地面，"和平"号空间站也暂时处于无人居住的状态。

执行EO-1任务的航天员也是"礼炮"7号空间站的最后一批到访者，不久之后，苏联放弃了对它的控制，让它坠落在了南美洲附近的海域。"礼炮"7号空间站创造了在轨工作8年的纪录，在人类航天史上留下了辉煌的一笔。

⊙ "礼炮"7号空间站

阔别第一批访客半年之后，"和平"号空间站终于迎来了第二批客人。EO-2飞行任务组搭乘的"联盟"TM-2号飞船于1987年2月5日发射升空，并顺利进入"和平"号空间站。3月31日，"量子"1号发射升空，这是第一个准备与"和平"号空间站进行对接的模块。该模块原先计划与"礼炮"7号空间站对接，但由于技术原因以及"礼炮"7号的退役，便成为"和平"号空间站的第一个对接扩展模块，该模块携带了天体物理观测设备。

"量子"1号与"和平"号空间站的对接并不顺利，第一次尝试于1987年4月5日进行，但由于机载控制系统发生故障而导致对接失败。航天员尤里·罗曼年科和亚历山大·拉韦金进行了一次太空行走，试图排除故障，他们在舱外发现"量子"1号与"和平"号空间站之间竟然有一个垃圾袋，这个袋子可能是最近一次的货运飞船留下的，他们清理了垃圾袋之后，"量子"1 号于 4 月 12 日完成了与"和平"号空间站的对接。

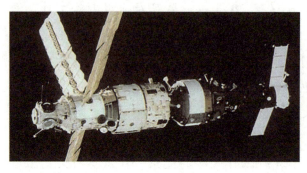

"量子"1 号与"和平"号空间站对接

3.3 太空中的大厦

"和平"号空间站相对于"礼炮"号空间站，它具有更加复杂的组合式积木结构，但空间站主体仍然是一个核心舱段，它总长 13.13 米，最大直径 4.2 米，总重 20.4 吨。

核心舱段由 4 个基本部分组成：球形增压转移舱，直径 2.2 米，上面装有 5 个直径 0.8 米的对接口，其中轴向 1 个，侧部对称 4 个，5 个对接口极大地增强了空间站的对接扩展功能；增压工作舱，这是空间站的主体，总长 7.67 米，两个柱形段的直径分别为 2.9 米和 4.2 米；不增压服务—动力舱，位于空间站尾部，除装有主发动机和推进剂外，还装有天线、探照灯、无线电通信天线等；增压转移对接器，长 1.67 米，直径 2 米，位于服务—动力舱中央，提供第 6 个对接口。

1987 年 3 月 31 日，苏联用"质子"运载火箭发射了第一个实验舱——"量子"1 号，开始了"和平"号空间站的正式组装工作。

第一个实验舱"量子"1号发射成功后，于4月12日同"和平"号对接成功。其余各舱分别于1989年11月26日、1990年5月31日、1995年1月12日、1995年5月20日、1996年4月23日发射，并都与"和平"号顺利对接。至此，积木式的"和平"号空间站组装工作全部完成。完整的"和平"号空间站全长87米，质量123吨，有效容积470立方米，一个全新的"空中大厦"开始遨游太空。

空间站对接舱由"亚特兰蒂斯"号带上天空，其余均由"质子"号运载火箭发射升空。完整的"和平"号包括核心模块在内的7个不同的模块，发射时间及功能分别如下。

核心模块：1986年2月19日发射，重约21吨。其功能是航天员的生活区和与所有其他模块对接的核心结点站。

"量子"1号：1987年3月31日发射，1987年4月9日与空间站对接，重10吨。其功能是用于天文观测和开展科学材料实验。

"量子"2号：1989年11月26日发射，1989年12月6日完成对接，重约20吨。其功能是为空间站提供更先进的生命支持系统及一个气密室。

"晶体"号：1990年5月31日发射，1990年6月10日对接成功，重约19吨。其功能是作为地球物理和天体物理的

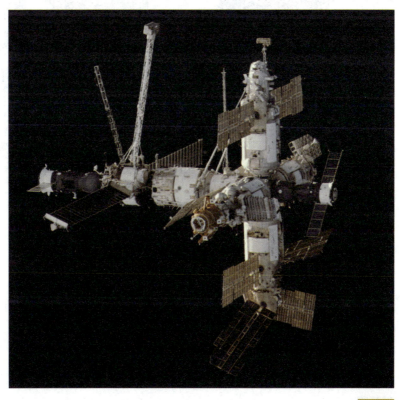

建成后完整的"和平"号空间站（这幅照片由美国"奋进"号航天飞机于1998年2月9日拍摄）

实验室。

对接舱：1995 年 1 月 12 日发射，1995 年 1 月 15 日与空间站对接，重约 6 吨。其功能是为美国的航天飞机安装对接扩展坞槽，为空间站对接美国的航天飞机做准备。

"光谱"号：1995 年 5 月 20 日发射，1995 年 6 月 1 日完成对接。重约 20 吨。其功能是为"和平"号航天飞机计划做准备。

"自然"号：1996 年 4 月 23 日发射，1996 年 4 月 26 日与空间站对接，重约 20 吨。其功能是作为远程地球遥感模块。

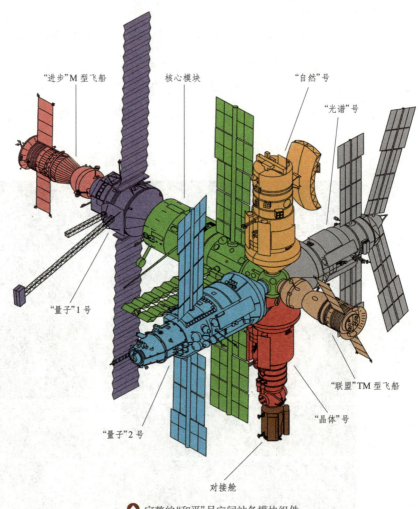

⬆ 完整的"和平"号空间站各模块组件

3.4 对手之间的合作

苏联和美国在相当长的时间里曾经是相互竞争的对手，但到了20世纪90年代，世界格局发生变化，曾经的对手也有了合作的可能。

1993年，时任美国副总统的阿尔·戈尔和俄罗斯总理维克托·斯捷潘诺维奇·切尔诺梅尔金共同宣布了一项新的空间合作计划——"和平"号航天飞机计划。美俄双方还一致同意，美国今后也将参与到"和平"号空间站的计划中（但之后这个计划逐渐演变成现在的国际空间站）。

"和平"号航天飞机计划的主要任务是运送物资以及航天员到"和平"号空间站，美国的航天员也将在"和平"号空间站上生活若干个月，美国的航天员和俄罗斯的航天员可以分享太空飞行经验，交流空间站相关的技术问题。

"亚特兰蒂斯"号航天飞机运送的对接舱，使得"和平"号空间站与航天飞机的对接变得更为容易。美国的参与也在一段时间里为"和平"号空间站提供了新的资金支持。

从1995年3月开始，来自美国的航天员在"和平"号空间站上生活了28个月，但在逗留期间，"和平"号上并不太平，发生了多起紧急突发事件。例如1997年2月23日的一场小火灾，以及1997年6月25日"进步"号飞船撞上"和平"号空间站。

"和平"号空间站对突发事故是有应对方案的，在最为严重的情况下，航天员可以乘坐飞船逃离空间站，而在这两次事故中，航天员都差一点儿就使用逃生飞船了。在这些事故之后，NASA开始考虑不再参与"和平"号航天飞机计划，以确保美国的航天员不发生意外。1998年6月，最后一名美国航天员安迪·托马斯乘坐"发现"号航天飞机离开"和

⬆ "和平"号航天飞机计划的任务标志

⬆ 1995年6月29日，美国"亚特兰蒂斯"号航天飞机与"和平"号空间站对接（这幅照片由"联盟"TM-21号飞船上的航天员拍摄）

⬆ 美国和俄罗斯两国的航天员在太空握手

平"号空间站。

"和平"号空间站在它长达15年的服役期间，共发生了约2000次故障，很多故障一直未能排除。空间站的中央计算机已经老化到了必须完全更换的地步。空间站的温度调节系统也故障不断，舱内的局部温度有时甚至高达53℃。空间站上的蓄电池也曾有过两次异常放电，导致"和平"号空间站与地面短暂失去联系以及空间站局部停电。

3.5 辉煌的 15 年

　　"和平"号空间站遨游太空的 15 年里，总共绕地球飞行了 8 万多圈，行程 35 亿千米，共有 31 艘"联盟"号载人飞船、62 艘"进步"号货运飞船与空间站实现对接。航天员在空间站上进行了 78 次太空行走，在舱外逗留的时间长达 359 小时 12 分钟。先后有 28 个长期考察组和 16 个短期考察组在空间站从事考察活动，共有俄罗斯、美国、英国、法国、德国、日本、叙利亚、保加利亚、阿富汗、奥地利、加拿大、斯洛伐克 12 个国家的 135 名航天员在空间站工作过。这些航天员共进行了 1.65 万次科学实验，完成了 23 项国际科学考察计划。

瓦列里·波利雅科夫从"和平"号空间站的舱窗观察空间站与美国"奋进"号航天飞机的对接情况（照片拍摄于 1995 年 2 月 6 日）

俄罗斯航天员瓦列里·波利雅科夫

"和平"号空间站创下了多个世界第一：它是在太空工作时间最长、超期服役时间最长、工作效率最高、接待各国航天员最多的空间站。特别是俄罗斯航天员瓦列里·波利雅科夫，从 1994 年 1 月 8 日至 1995 年 3 月 22 日在"和平"号上从事研究，一举创造了最长单次太空飞行纪录。

此外，"和平"号空间站还在试验人造月亮、空间商业化等方面进行了许多有益的探索，获得了大量数据和具有重大实用价值的成果，为开发利用太空以及人类在太空长期生活积累了丰富的经验。在医学领域，研究了在太空使用的药物处方、航天员飞行后的体力恢复方法。在生物学领域，研究了蛋白质晶体生长、高效蛋白质精制、特殊细胞分离、特种药品制备等。在材料和空间加工领域，进行了 600 多种材料实验，制造了半导体、玻璃、合金等 35 种材料。在对地观测方面，发现了 10 个地点可能有稀有金属矿藏，117 个地点可能有油脉存在。在天文观测方面也做出了许多重大发现。此外，还开发了大量空间新技术。

 # 3.6 无准备的告别

"和平"号空间站毕竟是在外界压力下，为了军事安全和政治目标赶进度、仓促上阵赶制出来的。不计成本、不顾客观规律和后果，是它的致命弱点。这些弱点在长达 15 年的运行中一一暴露：供电严重不足，姿态控制系统能力欠缺，日常维护资金投入不足，设备老化，故障频繁，运行效率较低。"和平"号空间站在设计和技术上都存在不同程度的问题。

1993 年，美国为利用俄罗斯的航天资源和成熟的航天技术，又趁俄罗斯航天界急需解决经济困难的机会，把俄罗斯拉进以它为主的国际空间站。结果，俄罗斯方面的资源与资金两头分流，"和平"号更加"吃不饱"了。同时为了掌握空间站运行和在太空长期生存的技术，美国又在

1995 年至 1998 年与俄罗斯合作运行"和平"号，派出航天飞机为"和平"号运送航天员。

美国在赚到便宜、捞到空间站的运行技术后，就不管"和平"号的重重危机了。美国用航天飞机接走本国最后一名航天员后，便催逼俄罗斯放弃"和平"号，集中资金给国际空间站。

可是在"和平"号面临坠毁之际，美国人又拼命撇清他们对"和平"号坠毁的责任。美国方面表示，坠毁"和平"号完全是俄罗斯人自己的决定，是"和平"号的技术状态恶化的结果。美国极力推脱自己的责任。

1998 年 8 月，切尔诺梅尔金政府冒着遭受俄罗斯全国人民唾骂的危险，第一次做出了销毁"和平"号的决定。1999 年 6 月，俄罗斯政府干脆停止给"和平"号运行提供资金。

但是销毁"和平"号等于推倒俄罗斯与美国抗衡的一大支柱,摘去俄罗斯人心中的骄傲。于是"和平"号的坠落演变成了爱国与否的政治问题。俄罗斯各强硬派掀起了阵阵保"和"浪潮。2000 年初，以时任俄罗斯航天能源部部长谢苗诺夫为首的保"和"派和外国投资者合作创建了"和平"号公司，采取了各种办法筹集资金。但最终并无多大收获，真是一分钱逼死了英雄汉。2000 年 11 月 16 日，俄罗斯航天界高级领导人会议只得决定销毁"和平"号。

屋漏偏逢连阴雨。2000 年底，"和平"号又出大事故。它连连失去和地面控制中心的联系，濒临失控边缘。面对失控坠落可能造成的危害，支持坠毁的人又占了优势。俄罗斯政府不得不最后痛下决心，于 2000 年 12 月 30 日，发出坠毁"和平"号的指令。而俄罗斯航天员们却依然相信"和平"号有重生的机会。

在 2000 年 6 月最后一个机组返回地球前，他们还期待有下一个机组接替，按俄罗斯风俗，他们留下了欢迎接替者的盐和面包。14 吨来自 27 个国家的科学仪器和设备也未如"礼炮"7 号坠落前那样卸走，全都成了"和平"号的陪葬品，将化为灰烬。2001 年 1 月 27 日，给"和平"号送去受控坠毁所需燃料的"进步"号货运飞船成功与"和平"号对接，给这头"野牛"套上了"笼头"。"和平"号坠毁也进入倒计时。

对于"和平"号的坠毁，不少媒体的报道中都有这样一笔描述：经费问题导致俄罗斯政府做出如此决断。对此，曾担任俄罗斯驻华使馆外交官的罗金先生特别给予"更正"。

罗金先生说，经费问题仅是一个方面。对于"和平"号的前途和命运，俄罗斯总统普京先生非常重视，政府多次开会讨论。2000年底，政府决定将其"落下"。俄罗斯的能源火箭航天公司（以下简称"能源公司"）、飞行控制中心以及航天局的各个部门为此精心计划，世界上任何国家都没有尝试过这种做法，对于科学技术的掌握也是意义非常重大的，这是想让"和平"号回家的一个原因。另外，"和平"号已超期服役，特别是上面的许多设备都要更换，说不定哪一天它不听话，控制失灵了，真要像人们担心的那样，落到谁家的房顶上，那时就悔之晚矣，晚落不如早落。

人们赞美红花时，不应忘了绿叶的陪衬。而几乎所有的报道，都没有提到"绿叶""进步"号飞船。罗金先生提起了这个被遗忘的"角落"。在"和平"号坠落前，"进步"号货运飞船与"和平"号进行了对接。在"和平"号坠落时，"进步"号上9个发动机的3次开机是关键，航天专家们用"进步"号飞船上的发动机控制"和平"号，降低它的轨道速度，这在技术上还属重大突破。

"和平"号暂时脱离了失控危险，保"和"派又开始了为保留"和平"号做最后的努力。2001年2月4日，俄罗斯电视台组织俄罗斯航天界高级领导人和航天员、科学家们座谈。俄罗斯联邦航天局领导人首先在座谈会上从"和平"号的技术现状说明，必须在还能控制"和平"号的情况下销毁它，以免给世界安全带来威胁。主张保留"和平"号的航天员和科学家提出了种种保留"和平"号的方案。

2月7日，俄罗斯共产党领导人久加诺夫发表致普京的公开信，认为美国的导弹防御计划使俄罗斯更有必要保留"和平"号以维持超级大国的地位。2月8日，200多位科学家、航天员在莫斯科市政大厅前示威，要求用新对接的"进步"号提升"和平"号的高度。他们认为"和平"号还可以工作到2004年，俄罗斯在国际空间站不过是美国机器上的驱动器。

为防止在"和平"号生日那天出现大型抗议活动，俄罗斯宇航界领导人在2月19日向全国发出公开信，力陈必须销毁"和平"号的原因，反对把"和平"号的问题政治化。2月20日，是"和平"号的15周年生日，100多位科学家、航天员等来到俄罗斯联邦航天局门前，抗议销毁"和平"号，但俄罗斯联邦航天局无人出来应答。

2月21日，由两位前航天员议员发起，俄罗斯国会下院议员向普京发出呼吁，要求保留"和平"号。2月28日，部分航天员干脆到科罗廖夫飞行控制中心和俄罗斯联邦航天局局长科普杰夫面对面争论，要求保留"和平"号。科普杰夫力劝激动的航天员：除了从世界安全和"和平"号本身技术状况考虑外，现在要保留"和平"号是做不到的——必须在3个月内，连续发射3或4个"进步"号货运飞船，才能把"和平"号的高度提高到500千米，才能使它继续工作几年。而造出一艘"进步"号飞船到安全发射就需要22个月，所以，根本不可能再保留"和平"号。用新对接的"进步"号只能提升60千米，是维持不了几天的。

最终，俄罗斯坚持了销毁"和平"号的决定。2001年3月23日，在俄罗斯航空航天控制中心，600多名记者，63名大使馆的外交官从大屏幕上目睹了"和平"号坠落的情景，俄罗斯所有的电视台都转播了这一实况——"和平"号空间站从太空坠落地球，残骸溅落在太平洋中。

🔺 "和平"号空间站如流星般划破天际，坠落地球

第4章

太空中建造摩天大厦

>>>

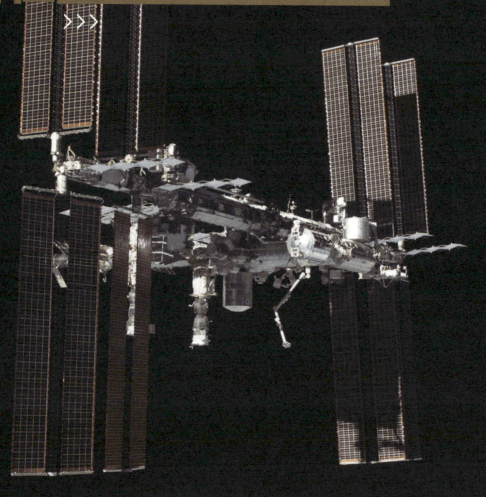

4.1 命名——国际空间站

　　"国际空间站"（International Space Station）这个名字是不同命名之间妥协的产物。

　　国际空间站最初的名字是"阿尔法空间站"，但是遭到俄罗斯的反对，俄方认为这样的命名暗示国际空间站是人类历史上第一个空间站，可是事实上并非如此。

　　俄罗斯提议将空间站命名为"亚特兰大"，但是这个议案遭到美国的反对，美方认为"亚特兰大"的读音和拼写太接近传说中沉没的大陆"亚特兰蒂斯"，其中似乎隐含了不祥的征兆。

　　虽然国际空间站的命名没有采用"阿尔法空间站"，但是空间站的无线电呼号却是"阿尔法"，这个呼号是空间站第一批乘员登站时确定的，当时国际空间站的名字仍然未定，时任 NASA 主席的丹尼尔·戈登便给

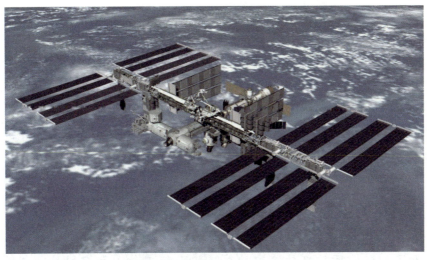

🔴 建成后的国际空间站三维建模图

空间站取了一个临时呼号阿尔法，这个呼号最后沿用下来，成为空间站的正式无线电呼号。

4.2 漫长的建造过程

国际空间站计划的前身是 NASA 的"自由"号空间站计划，这个计划是 20 世纪 80 年代美国战略防御计划的一个组成部分。1987 年 12 月 1 日，NASA 宣布波音公司、通用电气公司、麦道飞机公司和洛迪恩推进动力公司获得了参与建造空间站的订单。老布什执政期间，"星球大战"计划被搁置，"自由"号空间站也随之陷入停顿。"冷战"结束后，在美国副总统戈尔的推动下，"自由"号空间站重获新生，NASA 开始与俄罗斯联邦航天局接触，商谈合作建立空间站的构想。

按照计划，建造整个国际空间站共需要超过 50 次太空飞行和组装，整个建造工作完成后，国际空间站将会有 1200 立方米的内部空间。

国际空间站计划分三阶段进行。

第一阶段（1994—1998 年）

第一阶段为准备阶段。从 1994 年至 1998 年，美、俄两国完成航天飞机与"和平"号空间站的 9 次对接飞行。美国航天员累计在"和平"号空间站上工作两年，取得了航天飞机与空间站交会对接以及在空间站上长期进行生命科学、微重力科学实验和对地观测的经验，可降低国际空间站装配和运行中的技术风险。

第二阶段（1998—2001 年）

1998 年 11 月 20 日，俄罗斯在哈萨克斯坦的拜科努尔发射场用"质子"号火箭将国际空间站的第一个部件"曙光"号工作舱发射入轨，从而拉开了国际空间站在轨装配的序幕，也标志着国际空间站正式进入第二阶段——初期装配阶段。第二阶段的主要目标是建成一个具有载3人能力的初期空间站。

同年12月4日，美国"奋进"号航天飞机将国际空间站的第二个部件"团结"号节点舱送入轨道，并于12月6日成功地与"曙光"号对接。2000年7月12日，国际空间站的核心组件、俄罗斯建造的"星辰"号服务舱发射入轨。同年11月2日，首批3名航天员进驻空间站，国际空间站开始长期载人。11月30日，美国"奋进"号航天飞机为国际空间站送去两块翼展达72米、最大功率为65千瓦的大型太阳能电池板。2001年2月7日，美国的"命运"号实验舱由"亚特兰蒂斯"号航天飞机送入轨道。4月23日，加拿大制造的遥操作机械臂与国际空间站顺利对接。7月12日，美国"亚特兰蒂斯"号航天飞机又把供航天员出舱活动的气闸舱送入轨道。

至此，美国和俄罗斯等国利用航天飞机、"质子"号火箭等运输工具15次的飞行，完成了国际空间站第二阶段的装配工作。

第三阶段（2001—2011年）

此阶段为最终装配和应用阶段。先组装美国的桁架结构和俄罗斯的对接舱段，接着发射日本实验舱和欧洲空间局（以下简称"欧空局"）的哥伦布轨道设施等。

国际空间站的花费远远超过了NASA最初的预算，其建造时间也比预计的要晚，主要原因是2003年初发生了"哥伦比亚"号航天飞机失事事件，之后，NASA停飞了所有的航天飞机。在航天飞机停飞的时间里，空间站的人员和物资运输完全依赖俄罗斯的"联盟"号飞船，空间站上的科学研究活动也尽可能地被压缩了。航天飞机重返太空之后，空间站的建设预计2006年恢复，但是，"发现"号航天飞机在2005年7月执行任务时，隔热材料在升空过程中脱落，NASA再次停飞所有航天飞机，这使得国际空间站的建设再次拖延。

2006年11月15日，国际空间站的活动首次在地球上进行了高清晰度电视直播，并在纽约的时代广场大屏幕上播放。这是人类首次观看到来自太空的高清晰度电视直播画面。直播节目的主角是国际空间站第十四长期考察组指令长迈克尔·洛佩斯·阿莱格里亚，摄像师是站内的随航工程师托马斯·赖特尔。这套直播系统名为太空视频网关，直播的清晰度可以达到普通模拟视频的6倍。

2007年1月31日，阿莱格里亚和另一名航天员苏尼特·威廉斯成功进行超过7个小时的太空行走。他们将一个遮光反射罩和隔热罩丢弃，将一组旧太阳能电池板上的散热器进行回收，并将"命运"号实验舱的一个冷却回路从临时系统接入永久系统，完成了一些电路接线工作，使得与国际空间站对接的航天飞机能接入并使用站上新太阳能电池板提供的电力。

2月4日，这两名航天员再度出舱，进行了约7个小时的太空行走。他们将"命运"号实验舱的另一个冷却回路从临时系统接入永久系统，对一个废弃的氨水冷却设备

进行清理。

2月8日，这两名航天员完成了6小时40分钟的第三次太空行走，将空间站外的两个大型遮蔽罩移除丢弃，并安装了货物运输机的几个附属装置。

2月22日，国际空间站飞行工程师、俄罗斯航天员米哈伊尔·秋林和阿莱格里亚进行了一次6个多小时的计划外太空行走，修复了对接在空间站上的"进步"M-58号飞船的一处未能收拢的天线。

10月30日，美国"发现"号航天飞机的航天员为国际空间站重新装配太阳能电池板时，电池板出现破裂。NASA科学家检视电池板破损处，了解造成破裂的原因。

2011年，美国将航天飞机全部退役，重启太空船对接计划。

2011年12月，最后一个组件发

建设中的国际空间站

射升空，国际空间站完成组装工作。

装配完成后的国际空间站长 108 米，宽 88 米，总质量达 400 余吨，是有史以来规模最为庞大、设施最为先进的人造天宫，运行在倾角为51.6°、高度为 426 千米的轨道上，可供 6~7 名航天员在轨工作。之后，国际空间站将开始一个为期 10~15 年的永久载人的运行期。

 # 4.3 太空中的庞然大物

国际空间站总体设计采用桁架挂舱式结构，大体上看，国际空间站由两大部分立体交叉组合而成：一部分是以俄罗斯的多功能舱为基础，通过对接舱段及节点舱，与俄罗斯服务舱、实验舱、生命保障舱，以及美国实验舱、日本实验舱、欧空局的哥伦布轨道设施等对接，形成空间站的核心部分；另一部分是在美国的桁架结构上，装有加拿大的遥操作机械臂服务系统和空间站舱外设备，在桁架的两端安装 4 对大型太阳能电池板。这两大部分垂直交叉构成"龙骨架"，不仅加强了空间站的刚度，而且有利于各分系统和科学实验设备、仪器工作性能的正常发挥，有利于航天员出舱装配与维修等。

国际空间站的各种部件是由各合作国家分别研制的，其中美国和俄罗斯提供的部件最多，其次是欧空局成员国、日本、加拿大等。这些部件中核心的部件包括多功能舱、服务舱、实验舱和机械臂等。俄罗斯研制的多功能舱具有推进、导航、通信、发电、防热、居住、贮存燃料和对接等多种功能，在国际空间站的初期装配过程中提供电力、轨道高度控制及计算机指令，在国际空间站运行期间提供轨道机动能力和贮存推进剂。俄罗斯服务舱作为国际空间站组装期间的控制中心，用于整个国际空间站的姿态控制和再推进。它带有卫生间、睡袋、冰箱等设施，还带有一对太阳能电池板，可向俄罗斯部件提供电源。实验舱是国际空间站进行科学研究的主要场所，包括美国的实验舱和离心机舱、俄罗斯的研究舱、欧空局的哥伦布轨道设施和日本实验舱。舱内的实验设备和仪器大部分都是放在国际标准机柜内，以便于维护和更换。

"曙光"号工作舱

"曙光"号工作舱是国际空间站的第一个组件，由俄罗斯赫鲁尼契夫国家航天研制中心和美国波音公司共同研制而成。根据 1995 年 8 月签订的合同，赫鲁尼契夫国家航天研制中心负责货运舱的设计、生产和试验。赫鲁尼契夫国家航天研制中心于 1996 年 11 月 27 日，比预定发射时间提前一年完成"曙光"号工作舱的组装工作。但由于国际空间站的其他一些部件没有完工，"曙光"号被两度推迟发射。

"曙光"号重量为 24.2 吨（其中包括 4.5 吨燃料），长 13 米，内部容积约 72 立方米。它可以在不补充燃料的情况下连续飞行 430 个昼夜。

"曙光"号是一个与"和平"号空间站类似的大型舱体，是空间站的基础，能提供供电、推进、导航、通信、姿控、温控、充压等多种功能。它由"和平"号空间站上的晶体舱演变而来，设计寿命 13 年，电源最大功率为 6 千瓦，装有可接 4 个航天器的对接件。

1998 年 11 月 20 日，俄罗斯用"质子"号运载火箭把"曙光"号送入预定轨道。

"团结"号节点舱

"团结"号节点舱是美国为国际空间站建造的第一个组件，也是国际空间站的第二个组件。

"团结"号节点舱耗资 3 亿美元，直径 5 米、长 6 米，设有 6 个舱门。它的作用是充当对接口，连接未来升空的其他舱。

1998 年 12 月 4 日，"团结"号随美国"奋进"号航天飞机升空。12 月 6 日，"团结"号与"曙光"号对接。

"星辰"号服务舱

"星辰"号服务舱由俄罗斯承建，是国际空间站的核心舱。"星辰"号长 13 米，宽 30 米，重 19 吨，造价为 3.2 亿美元。

服务舱由过渡舱、生活舱和工作舱等 3 个密封舱和一个用来放置燃料桶、发动机和通信天线的非密封舱组成。生活舱中设有供航天员洗澡和睡眠的单独"房间"，舱内有冰箱、餐桌，有供航天员锻炼身体的运动器械。舱体上设计的 14 个舷窗，可供航天员眺望浩瀚的星空。

"星辰"号配有定位和电视系统，可保障服务舱与俄罗斯科罗廖夫飞行控制中心和美国休斯敦飞行控制中心的直接联系。

"星辰"号共有 4 个对接口，可用于接待载人飞船或货运飞船。

2000 年 7 月 12 日，"星辰"号由"质子"号运载火箭送入太空；7 月 26 日，"星辰"号服务舱与国际空间站联合体对接。

"命运"号实验舱

2001 年 2 月 7 日，"命运"号实验舱随美国"亚特兰蒂斯"号航天飞机升空。"命运"号实验舱价值 14 亿美元，是国际空间站中最昂贵的组件。它由美国波音公司制造，形似圆筒，长 9.3 米、直径 4.3 米，重 13.6 吨，上有 41.5 万个零件。它不仅是未来空间站成员在接近零重力的状态下执行科学研究任务的基地，也将作为国际空间站的指挥和控制中心，是国际空间站 6 个实验室中最重要的实验舱之一。

"莱奥纳尔多"号多功能后勤舱

"莱奥纳尔多"号多功能后勤舱由意大利研制，价值 1.6 亿美元。它是一个由金属铝制成，长 21 英尺（约 6.4 米）、直径 15 英尺（约 4.6 米）的圆筒，分为 16 个货箱，能携带 9.1 吨的货物。后勤舱可重复使用，其功能是为国际空间站运送必需的物资，再将空间站上的废弃物带回地面。

空气阻隔舱

空气阻隔舱又称压力舱，用铝制造，重约 6 吨，造价 1.64 亿美元。空气阻隔舱共有两个舱室，一个供航天员执行太空行走任务之前更换航天服，另一个作为航天员减压和飘浮到太空的接口。舱内有 4 个气罐，各重 540 千克，用于给空气阻隔舱加压。

2001 年 7 月 15 日，空气阻隔舱由美国"亚特兰蒂斯"号航天飞机和国际空间站上的航天员联合安装到空间站上。空气阻隔舱是国际空间站与太空间的通道，是航天器有压空间与太空真空环境间的缓冲地带。

加拿大第二机械臂

"加拿大第二机械臂"又被称为"大机械臂"，由高强度的金属铝、不锈钢和环氧石墨制成，可用于空间站的装配与维修、轨道器的对接与分离、有效载荷操作以及协助出舱活动等。

这只长约17米的巨型机械臂的设计概念是1984年美国总统里根提议建设"自由"号空间站时产生的。其最初研制目的是在航天飞机不能自行与空间站对接时，依靠机械臂将航天飞机拉到空间站旁。"加拿大第二机械臂"由加拿大研制，并由美国"奋进"号航天飞机于2001年4月19日携带升空，22日被安装到国际空间站上。与多次随航天飞机升空执行任务的小机械臂相比，它更长、更结实、更灵活。

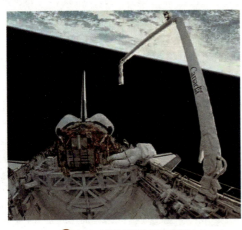

⬆ 加拿大研制的巨型机械臂

"码头"多功能对接舱

"码头"多功能对接舱由能源公司研制，重约4吨，体积为13立方米。对接舱一端与"星辰"号服务舱连接，另一端的对接装置能与"进步"系列货运飞船以及"联盟"系列载人飞船对接。对接舱的一侧还有一个隔舱，当航天员穿上航天服，调节好隔舱中的气压后，就可以打开隔舱门进行太空行走。多功能对接舱有助于增加国际空间站与地面间的货物、人员运输。

"码头"多功能对接舱于2001年9月17日被安装到国际空间站。

"黎明"号小型实验舱

俄罗斯的"黎明"号小型实验舱在2010年5月由美国"亚特兰蒂斯"号航天飞机运送至国际空间站。"黎明"号实验舱长约7米，重约7.8吨，主要用于科学实验。

4.4 丰硕的太空研究成果

　　组装成功后的国际空间站将用于科学研究和开发太空资源，为人类提供一个长期在太空轨道上进行对地观测和天文观测的平台。

　　在对地观测方面，国际空间站比遥感卫星要优越。当地球上发生地震、海啸或火山喷发等事件时，在站上的航天员可以及时调整遥感器的各种参数，以获得最佳观测效果；当遥感器等仪器设备发生故障时，航天员又可随时对故障设备进行维修；空间站还可以通过航天飞机或飞船更换遥感仪器设备，使新技术及时得到应用而又节省经费。用它对地球大气质量进行监测，可长期预报气候变化。在陆地资源开发、海洋资源利用等方面，也为人类带来很大帮助。

　　国际空间站在天文观测上也要比其他航天器优越得多，是了解宇宙天体位置、分布、运动结构、物理状态、化学组成及其演变规律的重要手段。由于有人参与观测，再加上空间站在太空的多方向性以及机动的观察测定方法，因而可充分发挥仪器设备的作用。通过国际空间站，天文学家不仅能获得宇宙射线、亚原子粒子等重要信息，了解宇宙奥秘，而且还能对影响地球环境的天文事件（如太阳耀斑、暗条爆发等）做出快速反应，及时保护地球，保护在太空飞行的航天器及其乘员。

　　国际空间站上的生命科学研究，可分为人体生命科学和重力生物学两方面。人体生命科学的研究成果可直接促进航天医学的发展，例如，通过多种参数来判断重力对航天员身体的影响，可提高科研人员对人体大脑、神经、骨骼及肌肉等方面的研究水平。重力生物学方面的研究与应用也有广阔的前景，而国际空间站的微重力条件要比"和平"号空间站和航天飞机优越得多，特别是在材料发展上可能取得一次革命性的进展。

仅太空微重力这一特殊因素来说，国际空间站就能给生命科学、生物技术、航天医学、材料科学、流体物理、燃烧科学等研究提供比地球上好得多，甚至在地球上无法提供的优越条件。

同时，国际空间站的建成和应用，也是向着建造太空工厂、太空发电站，进行太空旅游，建立永久性居住区（太空城堡），向太空其他星球移民等载人航天的远期目标更近了一步。

自 2014 年 5 月开始，国际空间站就开始了种植蔬菜的实验。目前，航天员种植了西红柿、草莓等，他们还将拓展自己的种植品种，种植各种各样的瓜果蔬菜。之所以要在空间站上种植蔬菜，是因为这样可以解决自己的饮食问题，同时也可以研究太空种植蔬菜的方法。

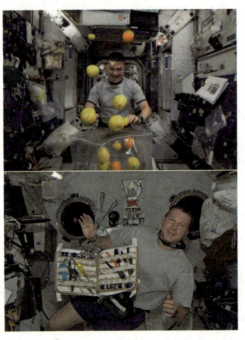

🔵 航天员在国际空间站内工作

航天员在太空中的免疫力会出现下降，因此需要蔬菜来补充营养物质。种植蔬菜时也会改善空间站的二氧化碳水平，可以帮助空气净化器过滤空间站里的异味，这项实验也可以为未来登陆火星提供帮助。

但是在微重力环境下种植蔬果也存在许多问题，比如空间辐射可造成蔬菜变异，而且种植出来的蔬菜中的微生物可能产生变异，对人体构成危害。

4.5 即将退役

最初，国际空间站的设计寿命是到 2015 年，后有延长到 2020 年之说，而 2015 年美国和俄罗斯的航天部门在"国际空间站的使用寿命由 2020 年延长至 2024 年"方面，达成了一致并签署了协议。目前来看，它最少要工作到 2024 年了。

到了 2024 年，美国将不再对国际空间站项目进行资金投入，但这并不意味着国际空间站就报废了，或者坠毁了。而目前一个比较主流的说法是，国际空间站将被私有化。私有化，对，就是将被一些可能的商业太空探索公司收购。

不要以为这是传言，现在这个计划已经被写入 NASA 的内部文件，而最有可能收购的当然是美国的公司了。到时候，如果美国想进行太空探索或科学实验，就可以直接利用国际空间站，只是需要交纳一些费用罢了，而这与对国际空间站的持续投入相比，资金也就少很多了！

俄罗斯方面则打算在国际空间站退役后以其部分舱段为基础，建造新的轨道空间站。俄方计划在 2019 年年底前向国际空间站再发射 3 个新舱，完成现行国际空间站俄罗斯舱段的建设。在国际空间站停止运行后，俄航天部门将以这几个舱段为基础建造新的轨道空间站。

俄罗斯拟建的新轨道空间站将由 5 个舱段组成，总重约 60 吨，是目前国际空间站总重的七分之一。建好后的新空间站将可容纳 3 名航天员长期驻站。届时，承担向国际空间站运送航天员和货物任务的将是俄现役"联盟"号载人飞船和"进步"号货运飞船。

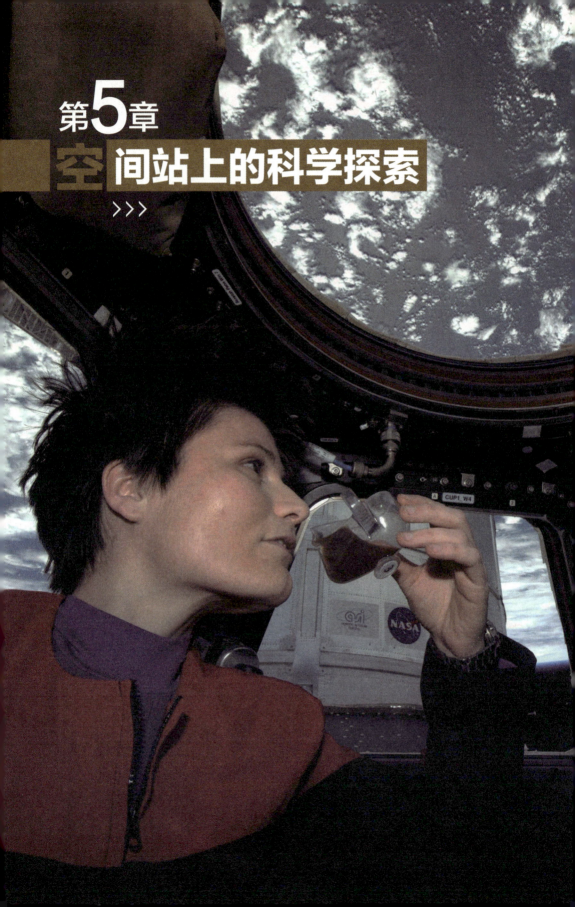

第5章
空间站上的科学探索

>>>

5.1 神奇的太空资源

人类在相当长的时间里，所能获得的资源都是来自地表、地下以及海洋，而航天技术的发展将人类可利用的资源扩展到了太空。太空有很多非常神奇的资源可供人类开发利用，这些资源是地球上所没有的，也是人类还没有开发利用的。

站得高也是一种资源

航天的高度范围是距离地表数百千米到数万千米，可以说是高空的高空，这里视野广阔，不受地球大气层的干扰。自从航天技术问世后，最先利用的就是得天独厚的高度资源，即利用高空的位置，发挥"站得高，看得远"的优势，再加上在大气层以上摆脱了大气层的干扰，可以做到一览无余，一切尽收眼底。

人类已经发射了数千颗人造地球卫星，它们以不同的高度、不同的角度俯视地球、观测宇宙。

一颗地球同步卫星可以覆盖42%的地表，二颗这种卫星就可以为全球提供即时通信服务。从此，人类实现全球通信，世界一下子变小了，真的可以称为"地球村"。现在，有100多种业务靠通信卫星来完成，例如传输语言、文字、数据、图像等，世界上80%的洲际通信业务和100%的洲际电视转播，以及为数众多的区域通信已由卫星担负。

我们经常听说地球同步轨道，它位于赤道上空距地面约3.6万千米的高空，在其上运行一周的时间刚好与地球自转一周的时间相等，其运行的轨道平面又与赤道平面重合，从地球上看，在这条轨道上运行的卫星就好像是静止不动的，我们称之为地球同步卫星。

太阳同步轨道也有着特殊的意义，它的轨道平面也环绕地球的自转轴旋转，且旋转方向与地球公转的方向相同，角速度为地球公转的平均速度。在太阳同步轨道上运行的航天器，以同一方向飞达地面某一地区上空时，地面的光照相同。

太阳同步轨道上的卫星总是在相同的地方时经过同一位置。比如，每天上午 10:00 经过长春上空，每天下午 4:00 经过武汉上空。卫星每天重复一次轨道运行，即只经过长春或武汉一次，第二天上午 10:00 又回来观测长春，下午 4:00 再一次观测武汉。这样，每一圈轨道观测地球不同的地方，以达到观测全球的目的。在太阳同步轨道上运行的卫星有气象卫星、对地观测卫星等。

在轨道上运行的气象卫星，监视着全球的风云变幻，在进行天气预报、探测、跟踪飓风和气旋，研究和检测地表以及海洋生物量等方面发挥了重要的作用，并为洪涝灾害预警等提供服务。人类依靠气象卫星提供的信息，避免了大量天气灾害造成的损失。

导航定位卫星为人类的各种活动提供准确的导航信息。它为人类建立了天基定位系统，为航天、航空、航海、铁路、公路交通以及人类所有活动，实时提供精确的定位信息，从而建立起现代化的高速立体交通管制网络，满足人类社会各个领域的高精度定位需求，极大地推进了社会的进步。此外，导航定位卫星还为搜索与救援提供准确的定位，使救援人员能够及时获得遇险人员的确切位置，有效缩短极其宝贵的救援时间。

运行在太阳同步轨道上的遥感卫星为人类提供地球上陆地、海洋、大气等各类资源信息，人们应用遥感卫星监测森林资源的变化和土地的使用情况，用于研究旱涝灾情、盐碱化、沙漠化及海岸线的变化，用于评估和开发水资源和矿产资源，监测污染和绘制地图等。在农作物估产方面，遥感卫星也发挥了重要的作用，种植面积、作物长势、病虫害情况、旱涝情况等，通过卫星观测可一目了然。海洋卫星为人类实时提供约占地球表面71%区域的海洋信息，使人类能够更有效地利用海洋；天文卫星则摆脱了大气层的干扰，将人类从未获得过的宇宙信息展现在人类面前。

如今，如果失去了利用太空高度资源的航天技术，就会出现飞机不能飞行、船舶不能出航、电话打不通、天气预报无法进行等情况，难以想象人类社会将如何运转。

失去重力将会怎样

航天器环绕地球进行圆周运动而产生失重环境，是由于其运动所产生的惯性力使其自由落体运动的轨迹成为环绕地球的圆周运动。在失重条件下，人会出现短暂的动作失调，但能适应过来。

太空中长时间、高品质的失重环境，是地面无法获得的，也是人类极为宝贵的新型资源。失重环境提供了一种极端的物理条件，在这种物理条件下，许多物理规律不同于重力环境下的。例如，由重力引起的流体的自然对流基本消失，扩散过程成为主要因素；流体中浮力基本消失，液体的约束力来自表面张力；润湿现象（液体在另一种物体表面的扩散现象）和毛细现象加剧；液体的静压力消失等。从理论上讲，失重环境消除了所有由重力引起的不利因素，是一种新的非常理想的环境。

在失重环境中，流体热对流现象消失，上浮下沉现象消失，不同密度物质的分层和沉积现象消失，表面张力呈现主导作用，液体中的气体不再溢出，液滴、气泡在表面张力作用下呈现圆度极高的球状，水沸腾后气泡不再上浮。

这种奇特的环境，对新材料加工，细胞、蛋白质晶体的生长与培养是十分有利的，冶炼金属时可以不使用容器，密度相差极为悬殊的金属可以形成合金，利用电泳仪可以产生纯度极高的物质，蛋白质晶体生长不再受重力约束。

失重环境是一种重要的太空资源，人类利用它可以进行地面上难以进行或根本无法进行的各个学科、各种领域的科学实验，提升人类对物理过程、化学过程、生物过程和生命过程的认知，为生产新型材料、提高生物技术、深入了解生命现象提供新的知识。

因此，世界上主要航天国家都在大力开展失重物理学、失重生物学和失重生命科学等领域的研究，同时还进行有关生产制造和加工工艺试验，开展失重应用和实验研究。

航天员在国际空间站内体验失重环境

地面难以实现的超高真空

在距地面 400~600 千米高度，大气压力为 6×10^{-7} 帕~2×10^{-6} 帕；在距地面 1000 千米高度，大气压力为 1×10^{-8} 帕，这是超高真空，并且具有无限的容量，人类科学实验中产生的气体不会降低它的真空度。而在地面，实验是在有限容积的真空容器中进行的，只要产生气体，容器中的真空度即刻下降。由于超高真空的绝热效应，被太阳直射的物体表面，可达 120℃~160℃高温，而背阳面则可保持−80℃~−60℃的低温，形成巨大的温差，并且非常稳定。

太空真的很"干净"

在地面要想找到无污染的环境实在是太难了，实验室中实现难度也很大，即使在抽成高度真空的真空容器内，也还会有容器、机械等散发的污染。在太空，没有了空气、没有了尘埃，即使在实验中产生了一些气体，也会在浩瀚的太空中迅速消失得无影无踪。太空，为我们提供了一个无污染的、无限超净的环境。

太空非常安静

在地球表面任何地点，都可以感受到地面或水面传递的震动，空气传递的噪音。无论采用多么有效的隔离措施，即使能够隔离空气传递的噪音，也无法完全隔离大地传递的震动。而在太空中，完全避开了大地的震动，同时又处于高度真空中，没有环境噪音。

太空很冷

许多科学实验需要在极低的温度条件下进行，地面上人为制造的低温环境难以达到极低的状态，且热容量很小，在实验中很容易被破坏。在太空中，宇宙背景的温度非常低，为绝对温度 4K，无垠的宇宙空间又提供了无与伦比的热容量，实验中产生再多的热量，也能够全部被宇宙这个超大低温场"吞没"，并能持续保持实验的低温环境。

辐射带来惊喜

太空中充满着各种来自宇宙天体的辐射，如银河宇宙射线、太阳电磁辐射、太阳宇宙射线和太阳风等。地球被大气层和磁场包裹着，这些辐射由于大气层的阻挡和磁场的作用，很难到达地面，这对我们人类起到了一种保护作用。在太空中，摆脱了大气层和磁场的"保护"，物体直接处于宇宙辐射环境中，可以进行种子、微生物以及各种细胞的遗传变异实验，产生一些新奇的农作物品种，常常会给我们带来不小的惊喜。

这里阳光充沛

地球在太阳的照耀下运转，地球所接收的太阳能量虽然只是太阳发送总能量的 22 亿分之一，但对于人类来说，这个能量是极为巨大的，每秒钟接收到的能量约为 81 万亿千瓦，相当于现今全球一年发电总量的上万倍，也相当于地球每秒钟燃烧掉 500 万吨优质煤所产生的能量。而太阳能又不需要从化学、物理反应中获得，因此太阳能是一种廉价清洁能源。由于没有大气层的阻隔，因此太空中的太阳能接收能力要远远强于地面上的太阳能接收能力。

5.2 探索失重环境下的物理现象

失重环境下的科学研究主要包括流体物理、燃烧科学和基础物理等，对其物理过程和机理的研究，失重环境中的新现象、新规律的研究，将揭示被重力所掩盖的现象和实质。这为人们深入认识流体、燃烧和物质的本质提供了依据，从而改善地面上与人类生活密不可分的流体、燃烧过程和物质特性。

流体物理

我们的周围有许多流体，地球大气层、河流、湖泊、海洋等。我们的身体依赖空气和血液的流动而生存；人类开发的许多技术离不开流体，如发动机、动力工厂、供水系统。我们在生活中如此依赖流体，因此，流体物理是失重环境中一个重要的研究领域。

↑ 在失重环境下合成的金属材料

↑ 在失重环境下含有气泡的一个大水滴

重力对流体的行为具有重大的影响，一个非常明显的现象就是，物质密度的变化引起对流，从而形成流动。如加热水，容器底部的水被加热，密度变小上升到顶部，同时，温度较低的、密度大的水补充到底部，形成了流动。重力影响的另一个现象是不同密度的液体分层形成沉淀。如油和水混合后，油很快会上升至上层，水则处在下面。重力的影响如此强大，科学家无法确定重力对流体行为究竟影响到什么程度，从而无法排除重力效应而得知流体流动的行为本质。

【动力学】

在失重环境中，几乎没有了因浮力引起的对流和沉淀，科学家能够观察到在地面被重力掩盖了的表面张力、磁力和电子力对液体流动的影响。

以失重环境中的液滴迁移试验为例，母液使用硅油，在母液中注入氟液液滴，氟液的密度是硅油的两倍。在地面，氟液液滴会很快沉底，而在太空失重环境中，没有了重力引起的沉淀现象，两种液体间的界面张力成为主宰作用力。由于硅液液池中具有一定的温度差，氟液液滴表面温度不均匀导致界面张力发生变化，界面张力的差异成为驱动力，使液滴在母液中从低温区向高温区运动，整个运动过程一直是加速过程。

失重环境下的材料加工、晶体掺杂、太空焊接及电泳提纯过程中都会遇到液滴或气泡的迁移问题，通过这个流体物理实验，获得了液滴在界面张力梯度驱动下的运动数据，对太空材料加工、晶体生长等许多领域都有很重要的意义。

【多相流】

多相流是指液体和气体的混合流动，常常用于航天器的冷却和生命保障系统，石油和天然气输送系统，自来水输送系统，供暖系统，常规电站和核电站的冷却系统等诸多领域。研究失重环境中多相流的影响将有助于设计更可靠的航天器，解决地面上许多工程中的多相流问题。

2001 年 7 月，国际空间站上一个舱段的温度控制系统发生故障，液体冷却剂突然停止了流动。航天员检查发现，冷却剂管路中出现了一个气泡，阻碍了冷却剂的流动，导致系统关闭。在地面供暖系统中也常常出现类似的问题，多相流的研究有助于避免此类问题的出现。

【界面现象】

界面现象研究湿润性和表面张力对物质之间分界面的影响，包括液体与气体的分界面，液体与容器的分界面等。在地面，重力的作用远远超过了湿润性和表面张力的影响，无法对湿润性和表面张力的本质进行深入研究，而在失重环境中，能够更好地对这方面的影响加以研究。

【综合流体】

综合流体是指包含其他物质颗粒的液体或气体，具有不寻常的性质。胶质是综合流体的典型代表，它包括小的固体或液体颗粒。喷雾剂（在气体中的液体小滴）、烟（气体中有固体颗粒）、油漆（液体中有固体颗粒）、泡沫（在液体中有气体）和凝胶（液体与相互连接的固体颗粒的混合）都是综合流体。

在地面普通环境中，将蜂蜜倒入装有水的杯中，可以看到蜂蜜在水中慢慢地下沉，只需几秒钟，就沉到杯底了。这是由于水和蜂蜜的密度不同，在重力的作用下，密度大的蜂蜜很快沉到下面。但在太空失重环境下，将蜂蜜注入水中，蜂蜜不再有下沉现象，而是悬浮在水中，蜂蜜像变形虫一样，在那里扭曲、翻转很长时间，慢慢变成谁也想象不到的形状。这是由于不同液体的结构不同，或液体内部存在温度差，因此产生了一种可以使液体发生流动的力。在地面上，由于强大的重力影响，这种微小力的作用被掩盖了。这个实验说明，在失重环境中，重力驱动的对流和沉淀消失，可以更好地了解物质本身对综合流体性质构成影响的作用力。

燃烧科学

煤炭和石油发电、锅炉供暖、家庭烹饪、地面运输、飞机飞行、航天推进、材料加工等，都是通过燃烧的方式将化学能转换为热能或推进力。燃烧是当今世界大约85%的能量来源，对我们现在的生活起着至关重要的作用，但我们至今仍然缺乏完整的燃烧过程理论，这也是现在燃烧效率低以及燃烧过程对我们的环境构成污染的重要原因。

失重环境燃烧科学研究的目的是增进我们对燃烧基本原理受重力影响的了解，增进我们对地面上燃烧现象和本质的认识。

失重环境排除了浮力引起的流动和沉淀，为燃烧研究提供了一个新

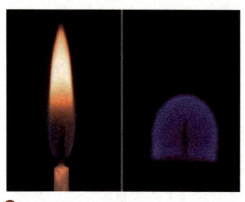

↑ 重力环境下(左)与失重环境下(右)火焰形态的比较

场所。在地面上，重力的影响常常妨碍我们对燃烧的研究。例如，燃烧通常产生热气(释放能量的反应)，在重力作用下产生一种浮力，这种浮力驱动没有燃烧的燃料、氧化剂和燃烧产物的混合物上升流动，脱离燃烧，造成燃烧不充分。而失重环境的优点是平静和对称，去除了造成火焰呈液体状的对流，燃烧的

火焰为球状，且相当对称，能够出现近乎完全反应的纯燃烧现象。此外，排除了浮力引起的对流和沉淀引起的分层，燃料均匀地混合在一起，研究人员能够对燃烧过程进行详细观测，能够进行重要的多种燃烧实验(如闷烧、驱动燃烧、流动燃烧、各种成分混合比例燃烧等)，科学家可以去研究被重力掩盖了的真实燃烧现象。

对燃烧的深入了解，将有助于燃烧效率的提高，以及对污染、大气变化、全球变暖、火灾等问题的解决。由于人类社会主要依靠燃烧获得能量，提高燃烧效率对人类社会的影响是巨大的，石油的燃烧效率每提高1%，全世界每年就可以节省几亿桶原油。

基础物理

【压缩物质物理】

压缩物质物理主要研究物质在接近它的临界点（压力和温度条件达

到使物质从一种状态转变为另一种新状态的点）时的行为。在临界点状态转变期间，物质具有特别的性质，一些物质变成了超导体，具有在不损失能量的情况下的导电能力。液氦在极低的温度下，变成超流体，意味着它的流动没有阻力，具有非常优良的热传导性。在地面研究超流体的传导性能是非常有限的，原因是重力导致在样品中压力的不一致，从而影响实验效果。从研究压缩物质物理中获得的知识可应用于发明极其精确的传感器、高效电缆和传输系统。

【原子物理】

由于原子个体非常小以及运动速度非常快，因此观测它们是非常困难的。改善观测的一种方法是用激光轰击它们，使它们冷却，运动速度减慢。但事实上激光冷却技术是一种有限的解决方法，重力使减慢速度的原子很快下落而从显微镜中消失。在失重环境中，激光冷却的原子能在原位置停留很长时间，科学家可以很好地观察它们。这种研究有助于改善在地面、空中和太空航行中使用的仪器的精确度，例如原子钟。

【引力和相对论物理】

爱因斯坦的相对论是关于物质运动与时间空间关系的理论，然而爱因斯坦的有些理论只能在太空进行实验。例如，根据爱因斯坦的理论，在一个巨大行星或恒星的附近，引力引起时空弯曲。测量地球是否产生了同样的弯曲，必须在距离地球很远的太空中进行。

根据爱因斯坦的相对论，飞行速度越快，时间过得越慢。通过在国际空间站与地面上的原子钟的时间进行比较，研究人员真的发现了细微的差别，尽管这个变慢的时间是微乎其微的，但在一定程度上证明了爱因斯坦相对论的正确性。

根据普林斯顿大学天体物理学家 J. 理查德·戈特所说，迄今旅程最长的时间旅行者是俄罗斯航天员谢尔盖·克里卡列夫。爱因斯坦曾说过，相比较那些静止的物体而言，运动物体的时间流逝会更慢一些。所以当克里卡列夫在"和平"号空间站里以 27 359 千米/时的速度在轨道上运动时，时间流逝的速率与地球上的并不相同。在职业生涯中，克里卡列夫在太空中累计待了 803 天。他比那些地球上的伙伴们年轻了 1/45 秒。换言之，他向未来穿行了 1/45 秒。

5.3 开发新材料

在太空进行材料加工与开发主要是利用失重和高真空环境，揭示被重力所掩盖的各种真实现象和材料物理现象的本质，寻求消除地面制备材料中的缺陷的方法，提高制备材料的质量，进行新材料、新工艺研究，并对具有战略意义的功能材料进行太空生产技术试验。

科学家对材料状态变化中的物理和化学现象特别感兴趣，在材料从液态变成固态，从气态变成固态的过程中充满了奇妙的变化。探索如何将这些知识应用于地面实验室和生产厂的加工工艺中。另外，失重实验能够生产少量高品质的材料和作为基准的具有特殊性能的材料。科学家对研究各种结晶的方法也很感兴趣，包括凝固、从溶液中结晶和从蒸气中生长晶体，这些过程在地面都容易受到重力的影响。

此外，超高真空对于加工易氧化的材料和某些材料的放气与脱气十分有利。失重环境可以进行材料的无容器加工，避免在加工过程中容器发生污染。同时，无容器加工可以进行需要极高温度的材料和具有腐蚀性材料的加工。

目前，材料加工已经成为空间站的常规实验项目。空间站上材料科学的研究领域包括结晶、聚合、金属与合金、光学材料、超导材料、半导体材料、超离子晶体、陶瓷灯等。俄罗斯在太空材料加工方面获得了很多世界第一。在"和平"号空间站上生长的砷化镓等4种材料，在俄罗斯电子、国防、核工业和仪器制造领域都有大量应用，有效地提高了俄罗斯在这些领域的产品的性能。

下面是各种材料在太空失重环境下的研究与生产情况。

⬆ 航天员在国际空间站中利用微重力环境开展材料科学研究

【电子材料】

电子材料在计算机、医疗仪器、能源系统和通信系统中扮演着重要角色。半导体是电子材料中众所周知的例子，也是失重环境下材料科学研究的主要目标。电子材料的性质直接取决于材料结晶的完美程度，极少量杂质的存在会严重影响某些电子材料的性能。

在地面，重力作用在生长的晶体上，引起拉伸、压缩或弯曲，在晶体内形成应力和变形，从而产生位错。热流导致的对流旋涡会使晶体产生变形，而容器还会使得晶体产生杂质。

而在太空中，重力引起的不利现象全部消失，晶体可以在蒸气介质中于悬浮状态下生长，晶体个体大、位错密度小、无应力、纯度高。在"和平"号空间站上，航天员拉出了直径5厘米的高纯度砷化镓晶体及一些新的合金材料。

【光学材料】

在太空环境下，可进行无容器的熔炼，并且凝固过程中没有对流，因此可以制备高质量的特种玻璃。这种玻璃的组分和特殊添加剂的分布十分均匀，无气泡，无条纹，无杂质，各向同性，是制造光导纤维和高级光学玻璃制品的优良材料，其光学性质可接近理论值。

在太空由于不再需要以本身强度承受重力对其本身质量的作用，因此可以生产极细的、长度几乎不受限制的高级光导纤维。

【金属材料】

由于金属的密度差异较大，因此地面上合金中的成分偏析现象极强，而在太空条件下，可以得到理想的结构。

多相合金的组分选择可以不考虑因密度不同而引起的偏析和分层，从而可以进行许多地面所不能进行的或在地面生产效果很差的多相合金的生产，例如铝铅合金。

【高纯材料】

在地面上，容器（如坩埚）和空气会使材料产生杂质，致使材料的提纯受到很大的限制。在太空，可以不用容器冶炼，还可以利用广袤的宇宙高真空迅速地吸除气态挥发物、化合挥发的杂质和蒸气，制备出纯度极高的材料。

【玻璃金属和陶瓷】

利用太空的超低温，可以使熔融金属迅速冷却，使正常移动的原子和分子来不及完成它们有序的排列，生成像玻璃一样的非晶态金属。这种玻璃金属具有独特的性能，它的强度可比超高强度的钢还要高出一倍，它的硬度、韧性、抗腐蚀能力和磁力特性等性能都相当好。

陶瓷是无机非金属材料，能够耐受特别高的温度，有广泛的应用前景。如果涡轮机叶片能够使用陶瓷材料制作，热力学和燃烧效率将会有相当大的提高，在航空运输业就会引起一场革命性的变化。问题是陶瓷一旦损坏，如断裂，造成的后果将是灾难性的。因此，陶瓷失重研究的重要内容是材料裂纹的产生过程，期望从中获得能够控制陶瓷加工过程的方法，以便得到最好的陶瓷，防止导致灾难性故障的缺陷出现。研究获得的知识可应用于生成高强度、耐磨损的结晶陶瓷，提高内燃机发动机燃烧效率。另外生产生物陶瓷人造骨骼、关节和牙齿也是重要的应用领域。

【薄膜】

地面上某些化学精制过程中，最终产品的纯度取决于过滤用的薄膜的质量，生产足够薄的薄膜就成了提高产品纯度的重要因素。

在地面上，制造金属或非金属薄膜，其微小的自身质量成了在重力条件下极难克服的破坏力，特别是在液态下提取薄膜时，薄膜的表面张力难以承受重力对其质量的作用，薄膜因此不能太薄。而在太空中，没有重力的破坏，可以制取极薄的和面积很大的薄膜，理论上薄膜的面积可以无限大，为生产廉价的高纯度化学制品创造了条件。

【加工工艺】

材料的制备往往是与加工工艺密不可分的，在太空已经出现了许多地面不能进行的加工工艺。例如，利用熔融金属的表面张力使液体趋于最小表面积（圆球）的特性，制成极圆的滚珠，其圆度比地面上最高级精密仪器加工出至少要高三个数量级。

用向熔融金属中注入气体的方法，可以制造出在地面上无法制造的无缝空心滚珠，这种滚珠壁厚异常均匀，各向同性。用这种滚珠制成的轴承精度高，使用寿命比实心滚珠轴承高4~7倍。

生产泡沫金属是太空材料加工工艺中又一个突出的例子。在地面，只有那些具有高黏度的材料（如聚合物），才能形成泡沫结构。熔融金属的黏度很低，只能在无重力条件下才能形成泡沫。太空生成的泡沫金属多孔且质地均匀。泡沫金属的用途很广，加入金属须后，可以具有钢一样的强度。

利用熔融材料（金属或非金属）的表面张力，可以进行附着铸造，即将熔融材料送到特制的模型上，利用熔融材料对模型的良好浸润性能，材料就会在表面张力的作用下，沿模型表面均匀地展布一层。凝固后，可以再依次展布数层。利用附着铸造法，可以用密度和熔化温度各不相同的材料制取任何形状、任何层次、任何厚度的分层结构。

特殊形状制件和高温合金制件，可以采用黏性铸造法和无容器铸造法生成。用黏性铸造法可以生产夹层金属，在一层金属上黏结另一层金属。

苏联在"礼炮"号空间站上进行了广泛的材料加工实验，拉出了重1.5千克的均匀单晶硅，制备了碲镉汞半导体材料，以及球状伍德合金，铝镁、钼镓、铝钨、铜铟和锑铟等多种合金材料。苏联还在"和平"号空间站上设置了专门用于材料加工、加工工艺实验和生物制品研究的"晶体"号舱。

几十年来，科学家通过航天员利用太空失重环境，在难混溶合金、复合材料、功能材料的制造和加工工艺方面取得了重要成果。

5.4 培育新的农作物品种

经过几十年的努力，人们已经证明，重力不仅能作用在生物整体水平上，还在细胞水平上影响着生命过程。太空生物学主要研究重力与辐射对各种生命现象和过程的作用，揭示重力对地球生命系统的多重作用，重点研究重力对动植物细胞结构、功能、生长发育、增殖和遗传变异等的影响。

太空生物技术包括太空育种、生物制药、开发蛋白质产品、临床医学等，也就是利用地球上所不具备或难以模拟的特有环境，研究生物生长、发育、衰老和死亡等的过程和机理，并利用研究成果维护人类身体健康，提高生命质量，获得人类所必需和急需的各种资源和产品。

🔴 在国际空间站培育生长的蔬菜

植物种子的变异筛选和新种的发现，是提高农作物产量的关键。将植物种子带到太空，在太空进行多种实验后再带回地面，经过几代繁殖、观察，寻找新的有益的突变类型，从而培育粮食、蔬菜、果树和其他农作物的新品种。科学家还研究了减少植物生长周期的方法，在实验中，大豆的生长周期从平均 110 天缩短到平均 65 天。

在"和平"号空间站的"晶体"号舱内设置了一个面积为 0.09 平方

米的温室，培育过包括小麦、甘薯、萝卜、莴笋等在内的 100 多种植物，证实了太空也适于植物生长，并为未来建立太空循环生态系统，利用植物吸收二氧化碳、制造氧气及提供食物积累了经验。植物（小麦、油菜等）种植在硅酸盐土壤中，湿度、温度和光照都由电脑控制。同时，科学家在生长过程中的不同阶段采集植物样品放置在抑制生长的固定剂中，以提供植物生长过程的全部样品。植物生长成熟后，将收获的植物和生长样品带回地面供科学家研究。

在早期的"礼炮" 6 号空间站上种植的"矮超人"小麦品种在完成了全部生长过程后，发现没有出现麦粒。经研究，确认是温室气体中的乙烯导致了这种结果，在改善了气体环境和选择了新的小麦品种后，种植获得了成功。美国航天员在"和平"号空间站上也进行了植物种植试验，1997 年 5 月，美国航天员富尔在"和平"号空间站上种植了芥属油菜，45 天后成熟。收获的种子再次种植，又获得了成功。证实了在太空也可以像在地面一样，植物可以完成播种、发芽、生长、开花和结果的全过程，并且可以将收获的种子进行接续种植和收获。

在国际空间站上进行了多种植物生长试验，豌豆生长试验成功地进行到了第三代，小麦也在国际空间站上进行了生长试验。由于豌豆、小麦不仅可以吸收二氧化碳和释放氧气，而且又有可能成为未来循环生态系统的植物选项，因此受到高度重视。小松树也在国际空间站上进行了生长试验。试验发现，小松树在国际空间站上生长非常缓慢，科学家将进一步弄清楚这种小松树在太空中不能茁壮生长的原因。

太空育种的物种基因变异不同于转基因。转基因是人为地将某种生物的某个基因从该物种中分离出来，植入到另一个生物体内，改变这种生物的特性。而太空育种则是物种本身脱氧核糖核酸（DNA）的排序变异，没有引入外来基因。这种变异不完全是好的变异，也有不好的变异，要在地面上经过不少于四代的选育，才能选出高产、优质、有特殊性状的新品系。

深圳太空作物园景观

5.5 研究太空中的人体医学

太空中的人体医学研究人在空间生活和往返地球时，在失重环境下的身体是否受影响，影响的程度如何，空间病的预防及治疗，以及空间卫生等。

载人飞船在离开地球后的征途中，将会遇到一系列与地面不同的环境条件。这些环境条件种类繁多，可以分为自然环境和力学环境两大类。当然，对人体影响最大的是气体组分、温度和辐射三类环境条件。各种环境条件往往同时作用于人体上，进而会引起人体种种生理反应。

自然环境主要有压力、温度、气体组分、辐射等。它们是自然存在的，不以飞行的状况而转移。力学环境是由于飞行器的运动状态的不同而产生的，最主要的力学环境因素有振动、冲击、噪声、加速、减速、超重、失重等。

从发射时间段来看，这些环境可以分为以下几种情况：

航天员为了保持良好的体能，在空间站坚持做日常锻炼

1. 发射阶段环境：需要了解从进入发射到第一级火箭发动机的点火阶段，人体对周围环境的适应性。这时除了气体环境的变化外，还有振动、冲击、噪音和超重等力学环境。

2. 上升入轨阶段环境：需要了解从第一级火箭发动机点火到入轨阶段，温度、冲击、振动、旋转、压强等特殊的环境对人体的影响。

3. 轨道飞行阶段环境：需要预先了解失重、太阳光辐射、带电粒子辐射、紫外和红外辐射、宇宙尘、低温、真空等特殊的环境对人体的影响。

太空医学试验设备也是五花八门的，主要有以下几种。

人用离心机。离心力是作用于航天员身上的外力之一，有从头到脚，从脚到头，与身体长轴成直角的几种离心力。为了在地面上预先了解这些离心力对人体的影响，必须研制多种形式的人用离心机。一般情况下，宇宙医学试验用离心机由三个部分所组成：与旋转臂尖端相联结的低压吊舱、记录系统、远距离操纵台。旋转臂有一个7~8米长的臂，与动力系统连接可以产生足够的加速度，并能随意改变速度。通常，这个悬臂的一端在10分钟内便可以达到25 000英尺（7620米）的模拟高度，因此，它可以用来观测模拟加速度对人体的影响，人体的耐加速度的能力，还可以用来对所研制的航天服进行考验。低压吊舱内部装有监视测量用的电话、电视、摄影装置、X光射线装置、心和脑电测量仪、氧压计、脉搏计、心脏检查仪、心音记录仪、神经反射电子测量仪、眼振测量仪等。

❶ 航天员在地面进行超重模拟的离心机

宇宙医学工作者通过这些专用医学仪器便可以获得必要的数据，进而了解航天员的生理变化情况。人用离心机所能产生的加速度通常为重力加速度的10~100倍。对载人试验来说，通常用到重力加速度的10倍；对动物试验来说，通常可用到重力加速度的100倍。

振动台。它主要用来研究滑动、滚动和振动对人体的影响。目前国外较大的振动台的最大加振力为4000多千克，所用的频率范围为5~3000赫兹，水平方向的最大负载为1000千克，垂直方向为500千克，最大的加速度可达重力加速度的100倍。

冲击试验机。它主要用来研究各种冲击对人体的影响，还可以用来了解发动机点火或上升时，火箭本体受到的轴向冲击。利用这样的冲击试验机，在5~10毫秒内，可以瞬时产生10~15g的加速度，在载人模拟试验时，可同时装上各种必要的医学测量仪器。

直线加速度试验机。火箭发射后，推力的变化可以产生2~20g的直线加速度。这类加速度试验机主要用来研究人体对这类加速度的适应性。它由实验架和滑轨组成。人体被固定在实验架上，实验架上装有记录各种生理现象的测量仪器，快速摄影机，电视、电话系统。滑轨的长度可以按需求进行调节。除了进行直线加速度试验外，还可以进行减速度的试验，进而预先了解再入时跳伞着陆对人体的影响。

低温低压舱。用于航天员智力测验的低温低压舱有低温低压设备和爆炸减压装置两种。前者的最大模拟高度约为 50 000 英尺（15 240 米），最低温度约为 -42℃。这类特制的容器一次可以容纳十几人，主要用来研究低温低压的特殊环境对人体的影响。后者所能容纳的人更多，在一秒钟内可使模拟高度从 8000 英尺（2438.4 米）升至 22 000 英尺（6705.6 米），主要用于低温低压环境突然变化时的安全操作训练以及缺氧条件下航天员的智力测验。

空间识别试验设备。这类试验装置主要用来作飞行员和航天员可能产生的航空病和空间识别能力减退的实验，还可以观察其相应的生理现象。常用的试验装置为直径约数米的球，这个球可以沿纵轴、横轴和侧轴转动。当以人体重心为中心进行旋转时，就可以用它来研究旋转对人体的影响。这种设备的结构较为简单，它可将人体固定在旋转台上用各种加速度旋转，观察旋转条件下人体的生理现象和识别能力。

载人飞行的综合模拟试验设备。这是长期载人飞行时必不可少的模拟试验设备，可以同时进行多种模拟试验。这是供受训航天员适应宇宙飞行环境而研制的，各种生物试验舱也归于这类设备之中。

5.6 动物在太空会怎样

自 1961 年苏联航天员加加林进行太空航行以来，全世界有超过 500 名人类航天员曾经"上过天"。不过，还有一类"航天员"，

🔊 身穿航天服的猫（设想图）

它们的数量更加庞大。1998 年，美国"哥伦比亚"号航天飞机第 25 次飞行，除了 7 名人类航天员，还有超过 2000 名"特殊"的航天员同行——1500 多只蟋蟀、223 条箭鱼、170 只老鼠和 135 只蜗牛。

时至今日，人类航天活动如此频繁，动物上太空，已经很难引起轰动效应。然而，细数航天技术发展的历史可以发现，人类能走出地球，与动物航天员们的实验铺垫和牺牲是分不开的。

几十年来，一批批动物被送上太空，要么代替人类进行危险的旅程，要么被当成实验对象。这里就盘点一些较为著名的动物航天员。

执着于猴子的美国人

美国是最早开始太空动物试验的国家。1946 年至 1947 年，美国在白沙试验场先后发射了 8 枚带着植物种子、细菌芽孢和果蝇等生物的火箭上天，这应该是最早的太空动物实验。

早期火箭发射的高度还比较低，大部分的动物都算不上"航天员"。外太空的起点通常被认为是距离地面 100 千米高的空中，被称为卡门线。

只有飞到卡门线高度以上，才认为是真正进入外太空。

1947 年，美国用 V-2 火箭送一只果蝇到 109 千米高空；1948 年，美国将一只编号为"阿尔伯特"1 号（Albert I）的猴子送到 62 千米高空，但不幸的是，它在降落时摔死了；1951 年，美国送到天上的 11 只老鼠生还，但同行的猴子降落两小时后死亡；直到 1952 年，两只猴子才实现上天之后的成功回收。

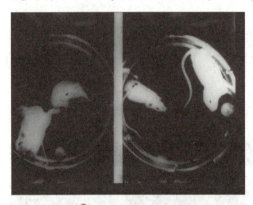

↑ 火箭中的动物

↑ 第一只进入外太空的太空猴"阿尔伯特"2 号

↑ 航天狗莱伊卡

美国人之所以执着于猴子，是因为猴子的生理结构与人的相似。最早上天的猴子是上文提到的"阿尔伯特"1 号，但它乘坐的火箭没有飞到卡门线高度。真正意义上的第一只太空猴是"阿尔伯特"2 号（Albert II），1949 年，它乘坐的火箭飞到了 134 千米高空。"阿尔伯特"2 号同样因为降落失败而死去。

钟情于狗的苏联

苏联从一开始就钟情于狗，因为他们认为狗能忍耐恶劣的发射环境更长时间。

从 1949 年到 1958 年，苏联曾把 42 只狗发射升空。

1957 年 11 月 3 日，苏联发射了"人造地球卫星"2 号，围绕地球飞行，卫星近地点约 211 千米高，

远地点约 1659 千米高。卫星上搭乘了一只名叫莱伊卡（Laika）的小狗，它是第一只到达地球轨道高度的动物，可惜也没有存活太久。

平安返回安度余生的黑猩猩

第一只进入外太空的黑猩猩叫作哈姆（Ham）。

1961 年 1 月，哈姆作为宇宙飞船"水星"号的唯一"乘客"进入 253 千米高的外太空。

它的任务相当重大——当看到仪表盘闪现蓝光时，扳动拉杆引导降落。在地面上是通过香蕉和电击来训练哈姆学习这项操作的。哈姆成功完成了任务，太空舱坠入大西洋，营救人员打捞起太空舱，给出舱的哈姆一个苹果和半个橘子作为奖励。

哈姆在这次太空之旅中毫发未损，后被送到美国华盛顿国家动物园生活了 17 年，最终在北卡罗来纳州动物园去世。

↑ 航天猩猩哈姆

进入太空的喵星人

1963 年，法国发射的一枚火箭，将一只来自巴黎、名为"费莉切特"的黑白色母猫送到了距地面 156 千米的太空中。

这是一次亚轨道飞行，持续约 15 分钟。它是世界上第一只也是唯一一只进入过太空的猫，并成功生还。

生命力顽强的水熊宝宝

后来，太空中进行了越来越多的动物实验。在一些实验中，蟋蟀能够生出小蟋蟀，初生的老鼠能学会爬行，而水熊竟然能够在真空和太阳辐射双重严酷条件下存活！

↑ 带有费莉切特爪印的照片和它航天生还的报纸新闻报道

水熊也被称为水熊虫（Water Bear），是对缓步动物门生物的俗称，有记录的约 900 余种，其中许多种是世界性分布的。水熊体型极小，最小的只有 50 微米长，最大的也才有 1.4 毫米长，必须用显微镜才能看清，其身体表层覆盖着一

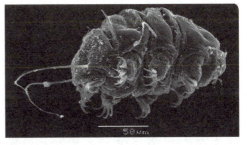

↑ 能够在真空和太阳辐射双重严酷条件下存活的水熊

层水膜，用于避免身体干燥，水膜中还含有氧气。

在太空实验中，水熊生活得很好，和在地面上没有多大区别。但是遭受太空环境和太阳辐射双重考验后的样本，被放回水中只有10%存活了下来，并且，所有的幼虫都没有孵化出来。尽管如此，这也是人类迄今为止发现的第一种在双重暴露下仍然有样本存活的动物。

遭遇抗议的"哥伦比亚"号动物实验

前边说到的"哥伦比亚"号航天飞机，其货舱中放置了一个神经实验室，用于生物实验。如较著名的第25次飞行（受到了动物保护组织的抗议），7名航天员进行了26项（11项以人类航天员为实验对象，15项以动物为实验对象）以研究大脑和神经系统为主的生物学实验，旨在发现地球上特有的疾病，如失眠、血压异常及晕车船症等常见病的新疗法。

一些与动物有关的实验包括：摘除实验鼠大脑，观察大脑在失重环境下的变化；解剖怀孕母鼠观察胎儿发育，观察幼鼠学会在失重环境下爬行等。

"哥伦比亚"号航天飞机在2003年最后一次飞行时，还携带了蚕、蜘蛛、蜜蜂、蚂蚁和鱼等动物，最后遗憾失事，其残骸中依然发现了活着的线虫。

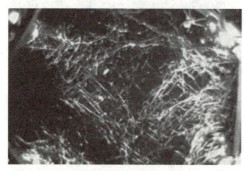
🔺 太空蜘蛛编织的蛛网

2008年，两只蜘蛛随"奋进"号航天飞机进入太空，并在失重环境中编织了蜘蛛网。

我国的太空动物实验

动物航天员可以说是一个国家新兴航天事业的指向标和先行者。我国的航天事业起步于20世纪五六十年代，其空间科学探测的第一步，也是从动物实验开始的。

1964年7月19日，一群大白鼠随着我国发射的第一枚生物火箭"T-7AS1"进入太空。之后，两只小狗参加了上天试飞实验，一只叫"小豹"，另一只叫"珊珊"。1966年7月15日，"小豹"乘坐的"T-7AS2"火箭从安徽省广德火箭发射基地发射。1966年7月28日，"珊珊"也乘坐"T-7AS2"火箭从这里上天。后来，两只小狗航天员均安全返回。

其他国家的太空动物实验

伊朗也试图用动物实验打开宇宙的大门，并在 2013 年宣称将猴子航天员用火箭送到了距地 120 千米的太空中并回收。不过之后其真实性被广泛质疑——根据照片，上天前后的猴子被认为不是同一只。

动物航天员们曾在航天史上有着光辉的过去，将来也会长期服务于人类航天事业。上天大概不是它们的本愿，但我们还是应该尊重和缅怀它们。

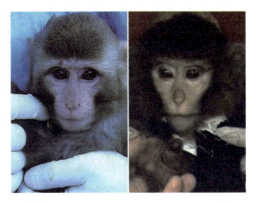

⬆ 伊朗宣称的航天猴上天前后相貌有些不同

5.7 为更遥远的航行做准备

冷冻人

也许大家听说过，已经有一些公司推出了冷冻人未来医疗的服务业务。就是把现今无法治愈的病人冷冻起来，让他们停止所有身体机能。等到将来医疗水平达到能够治愈他的疾病的时候再将其解冻并治愈。这项服务一经推出就有人接受了冷冻，

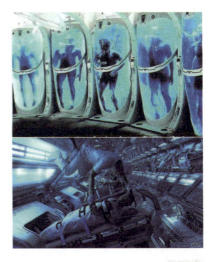

➡ 科幻电影中人体"冬眠"的场景

并不是他们多相信这项技术，而是这些人把这视为"死马当作活马医"的最后一招。

暂不提高昂的冷冻费用，单说技术方面就是个半成品，因为现如今的技术只能将人冷冻，但不能将其解冻。

冷冻的方法是将某种对人体无害且冰点很低的溶液注入体内，然后迅速冷冻，这样就可以在人体细胞被低温破坏前将其冻住保存。

解冻的方法也是一样，只是步骤相反。但问题是，怎么让人体解冻并且不破坏细胞呢？这就是现在依然没有解决的问题。

但即使这样，我们也算是迈出了一步。有朝一日我们实现了技术上的突破，将这项技术应用到太空航行，那么远距离航行就不是什么问题了，至少对航天员来说就不是那么漫长的旅程了。

到了那天，我们要做的就是制造一艘带有自动冷冻和解冻人体功能的飞船，将其设置好程序，航天员就可以冷冻出发了。

冷冻后的航天员由于身体各方面机能全部停止工作，时间对他们来说就根本不是问题，飞船飞个千年、万年、十万年、百万年，对航天员来说都是睡了一觉的感觉。苏醒后就连身上的肌肉都没有任何退化。

利用这种技术，人类想去多远的地方就去多远，因为人类有了时间。

飞船移民

所谓飞船移民，就是在一艘大飞船上建设一套维持生命的生态圈，人们在这艘飞船里繁衍生息，一代一代生活下去，这样就可以到很远的地方去。

这个生态系统要维持我们生存，必须能再生人类所需的各种要素，比如水、空气、食物等。这些东西需要周而复始地再生，就像地球上的动物吸入氧气呼出二氧化碳，而植物吸收二氧化碳产生氧气。再或者，动物把植物的叶子当作食物，排出粪便供植物生长。两者互相补给，各取所需，得到一个很好的循环。

这个有生态系统的飞船，我们可以认为他就是个小型的地球，因为地球就是一套这样的系统，只不过它更加精细。

这个生态系统不需要那么复杂，但是每一个链条都是非常重要的，断了哪个环节都会招致灭顶之灾。

所以我们还得多准备几套不同的系统，方法可以不同，但目的只有一个——维持生命繁衍。

其实，地球上也不是只有一套生态系统，它是由多个生态系统交织而成的综合生态系统。

我们可以在飞船上种植植物、饲养动物，使它们成为一个生态闭环。

我们还可以通过机械和人工智能为我们服务，制造供我们生存的资源。

我们也可以像猎人那样，在宇宙中捕获"猎物"当作补给。你一定会问，宇宙中有啥猎物？难不成抓几个外星猪来炖粉条？

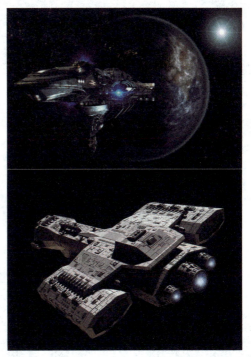

科幻小说中的太空移民飞船

这些"猎物"是那些能为我们所用的物质，比如说水。

是的，不是只有地球才有水资源。地球上的水也是从宇宙中来的。

比如，我们在宇宙中碰到一些冰组成的陨石，那上面有大量的水。当然这也只是个假设。

归根结底，人类远距离航行挑战的并不是地域面积，也不是生存环境，人类挑战的其实是时间。

人的生命短暂，把所有人类、甚至地球生命的全部时间加起来也只是宇宙时间的九牛一毛。

说了这么多，不管地球人类未来什么样，不管地球人类科技能发展到什么地步，但只要我们有着好奇心和追求真理的心，地球人类在宇宙间就有存在的价值。

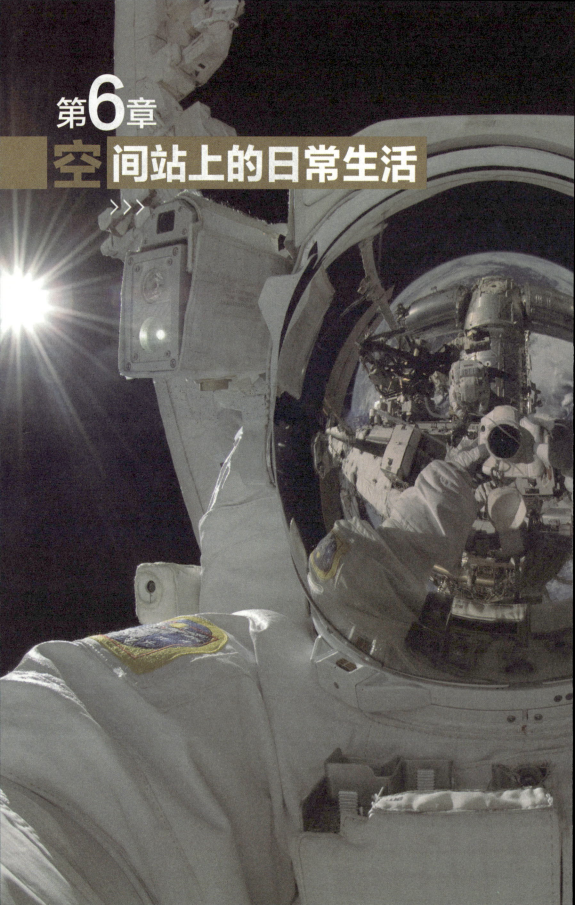

第6章
空间站上的日常生活
>>>

6.1 绿色环保空间站

与我们的地球相似，国际空间站也有空气和水的再生回路，主要包括水的再生和处理、氧气生成、二氧化碳的清除，以及水和大气质量监测。

44%的水循环利用

目前，整个国际空间站用于空气生成、食品复水和卫生用水等方面所需水量的44%是通过循环再生而来的。

航天员活动后会流汗，呼吸也会在舱内的空气中产生水汽，通过大气温度控制，俄罗斯和美国舱段内的热交换器将这些湿气凝结，并转化成固态用于储存或处理。毛巾

🔺 国际空间站上的航天员每日所需的饮用水，将近一半来自循环再生

和衣物中的水也通过热交换器被回收。再生水一般经过俄罗斯提供的多层过滤催化净化系统进行处理，变成适合饮用的水。"奋进"号航天飞机已经把美国的"水回收系统"送到了国际空间站，它可以收集并处理固态水、尿和其他废水，通过蒸馏和化学处理制成适合饮用的水和"技术"水（"技术"水用来支持空间站内的各种系统）。

78%的空气再生

通过电解的方式，水还能产生氧气，空间站内的氧气就是这样产生的。以往，空间站内制氧主要依靠俄罗斯。自2007年7月13日起，美国的"氧气生成系统"成为空间站的制氧"新手"，它将使空间站内78%的氧气实现再生。

空间站内产生的二氧化碳可通过俄罗斯的空气净化系统或美国的"二氧化碳清除组件"被去除。"二氧化碳清除组件"其实是一种沸石分子过滤筛，先吸附二氧化碳，然后将其排到空间站外。

一种由私人投资研发的萨巴蒂尔反应器将应用到空间站上。这种二氧化碳处理设备能从二氧化碳和氢气中生产水和甲烷，能更好地实现空间站内二氧化碳的循环再利用。萨巴蒂尔反应器将被安装在美国的"氧气生成系统"的支架上，能够从"二氧化碳清除组件"直接获得二氧化碳，从"氧气生成系统"直接获得氢气。这种反应器一旦投入使用，将会减少由航天飞机和货运飞船运送的水量。结合萨巴蒂尔反应器，空间站上的"环境控制和生命支持系统"能够实现大约85%的空气和水的自给自足。萨巴蒂尔反应器产生的甲烷废气会被排到太空中。研究人员还认为，甲烷能够作为火箭燃料，或许将来会用于飞往月球或火星的任务中。

为了与地球环境更加相似，并减少站内着火的危险，空间站内的气体中混合了少量氮气，这些氮气由航天飞机或货运飞船运送到空间站上。

由于要保证航天员的健康和安全，因此需要定期监控空间站内的空气和饮用水的质量。主要构成分析仪就是从事空气质量监测工作的首要仪器，它不断地在美国舱段内的多处地方采样，确定其中氧气、氮气、二氧化碳、水蒸气、甲烷和氢气所占的比例。踪迹污染物控制组件则负责清除由设备产生的废气的化学成分，从而保证这些污染物的量维持在安全水平之内。"水还原系统"中的电导率传感器和总有机碳分析仪负责监测饮用水的纯度。总有机碳分析仪能测量有机碳和无机碳的数量，以及空间站水样本中的 PH 酸碱度和电导率。采样试验装置还用于测量空气和水中的微生物杂质。

自给自足的清洁能源

国际空间站需要大量的电能来维持其运行，如环境控制和生命支持系统、指令和数据处理系统、通信系统、照明，还有航天员的健康、运动和娱乐，以及各种研究实验，都需要用电。一般情况下，国际空间站巨大的太阳能电池板有 3/4 都在轨提供电能。如果全部运行，太阳能电池板的覆盖面积将达到 2192 平方米，每年能为空间站提供大约 708 000 度电。

空间站的太阳能电池板在两个轴线上跟踪太阳。在空间站运行期间，整个太阳能电池板能通过分别位于左舷桁架和右舷桁架的两个太阳阿尔法旋转接头，根据太阳角度的变化进行360°旋转。8个太阳能电池板可通过分别安装在它们上面的8个贝塔万向架组件，根据太阳角度的变化进行360°的旋转。通过太阳阿尔法旋转接头和贝塔万向架组件，太阳能电池板能够最大限度地收集太阳能。太阳能在转化成电能后，被储存在48个镍氢电池中，从而保证国际空间站在没有日照的情况下正常运行。空间站每90分钟绕地球一圈，其中有30分钟会处于黑暗之中，这样算来，在每个地球日内，空间站要经历大约16次黑暗。

电能的管理也是空间站上需要考虑的一个重要问题。在空间站暂时无法产生电能或用电需求增加时，空间站的电力系统能自动或通过人工干涉分成8个通道释放出电能，每个通道为特定的设备供电。如果有通道受阻，电力系统还能通过一系列的开关来重新分组配电，以便为任何需要的设备供电。

虽然俄罗斯舱段能够提供助推器来控制空间站的在轨姿态，但是空间站的姿态控制还是主要依赖于动量的存储和重复使用。动量的存储既能节省燃料，又能为空间站提供精确而稳定的控制。空间站Z1桁架上安装了4个控制力矩陀螺仪，每个陀螺仪中配有一个约100千克的钢制轮，钢制轮每分钟旋转6600转，能储存大量的角动量。控制陀螺仪旋转轴的空间站计算机发出指令后，陀螺仪传递一个转力矩，从而改变空间站的运行方向。

安全处理垃圾

国际空间站建造完成后，其加压容积大约为914立方米。空间站内的存储空间非常宝贵，因此，站内各种垃圾的分类和清除相当重要。在空间站内，3名航天员维持6个月的生活大约需要4吨的补给品。一般来说，每年会有三四艘货运飞船，如俄罗斯"进步"号和欧洲新的自动转移飞行器向空间站运送食物和其他补给品。为了尽量减少垃圾，技术人员想出了各种方法，比如用纺织品如毛巾和衣物取代一次性的打包材料；尽可能使用电子媒介，以限制废纸的数量。

更有意思的是，旧的"进步"号飞船或自动转移飞行器被当作容器，来存放食物废料及其他各种垃圾。在下一艘补给飞船到达空间站之前，旧的补给飞船必须离开空间站，并再入大气层，在大气层中和那些垃圾一起化为灰烬。每年大约有 4536 千克的食物残渣、用过的毛巾和衣物、废电池、过滤器及失效的设备等垃圾通过这种方式被处理掉。

国际空间站为航天员的生活和工作提供了一种未来地球人类的生活和工作模式。当未来人类超越空间站的轨道高度去探索更远的宇宙时，空间站上的环保系统将有助于在遥远的宇宙空间建立一个适合人类生存的居住地。

6.2 保命的航天服

世界上第一个使用飞行生命保障装备的人是美国冒险家威利·波斯特。20 世纪 30 年代初，他驾驶"温妮·梅"号单座机在进行横越北美大陆飞行的挑战中，将飞机上升到同温层。当时波斯特身穿的高空飞行压力服，是用发动机的供压装置送出的空气压吹起来的气囊，这与后来的航天服不能相提并论。

航天服是保护航天员在太空不受低温、射线等的侵害并提供航天员生存所需的氧气的保护服。航天服的氧气罐为航天员提供氧气，而排出的二氧化碳则被氢氧化锂所吸收。航天服的表层有阻隔辐射的功用，航天员的体温则由一套贴身的内衣调节。这件内衣布满水管，水泵不断使水循环，把航天员身体所发出的热量带走，而水则由升华器来冷却。航天服最后一个重要功用是为航天员提供所需的气压（52kPa，约等于半个标准大气压力），如果气压过低，人体血液及身体组织内的气体会离开，令航天员患上类似潜水员常有的潜水病（在真空的情况下，航天员更会由于血液瞬间"沸腾"而死亡）。

航天服分舱内航天服和舱外航天服两大类。

舱内航天服用于飞船发生泄漏或压力突然降低时，航天员及时穿上它，接通舱内与之配套的供氧、供气系统，航天服内就会立即充压供气，并能提供一定的温度保障和通信功能，让航天员能安全返回。飞船在轨道内飞行时，航天员一般不穿航天服，只穿舱内工作服。

舱外航天服除有舱内航天服的所有各层外，还有三层。一是真空隔热层，用于保护航天员在舱外作业或在月球与其他星体表面活动时，不受舱外过热或过冷的环境侵袭，又可防止服装内部的热量散失。二是液冷服，即将舱内航天服的通风散热层管内的气体改为液体。航天员在舱外作业有时长达几个小时，身体产生的热量多，此时靠气体散热达不到散热要求，而液态冷却就能很快把热量散掉。三是最外层，它除要有防高热、防磨损和保护内部各层的功能外，还要有防太阳辐射的功能，以及连接其他装备的接口。例如，与航天员舱外活动时的脐带连接，与携带式生保环境装备、太空机动飞行机构连接等。

航天服的头盔由头盔壳、面窗结构和颈圈等组件构成。在载人航天中使用的头盔有软式和硬式两种，其中硬式头盔又分为固定式和转动式两种。软式头盔大多数作为舱内航天服的组件。转动式头盔在其颈圈上有气密活动轴承，但密封环节增多会降低气密性与结构可靠性，增加设计难度。

现以固定式全透明的钟罩式头盔为例，介绍其结构组成。头盔壳是头盔的主体，其材料具有强度大、抗冲击和足够的耐热性等优点。头盔内腔壁有硬衬垫和软衬垫，衬垫上镶有细管道，它兼有减震、隔热、消声、通风和供氧等功能。其内腔要适于戴通信头盔，允许头在里面左右转动，尺寸要与穿戴者的头形相适应。头盔还要留有安装生理测试部件、有利于排出人体呼出的二氧化碳和水汽的空间。

此外，面窗还应有良好的光学性能和广阔的视野。头壳的面窗部分除应有透光良好外，还要有防雾、去湿的措施，因为航天员出舱活动时可能会遇上-150℃的低温，面窗内的温度也会下降，当降到空气露点温度以下时，面窗上就会结雾，妨碍航天员的视线。已用的方法有通风去湿法、双层面窗法、电热面窗法和化学防雾法等，以保障面窗的透明度，否则，会影响航天任务的执行。1966 年美国"双子星"9 号飞船的航天员，在太空用载人机动装置进行飞行时，就是因为面窗起雾而看不清外边的情景，未能完成太空行走中的特定航天任务。

颈圈是连接服装与头盔的关键部件，分上、下两圈，在穿戴服装与头盔时，先将上下圈连接上，再连接头盔与服装。它要求穿脱方便，在紧急情况下，要有使穿戴者本人能快速断、接、锁紧操作的机构，便于及时与头盔或服装断开或连接。

航天服的另外两个部件是可随时连接的手套和靴子。手套与服装通过腕圈接连，是服装压力层的延续。它要符合穿戴者手型，能快速脱戴，在各手指关节部分有波纹结构，便于操作。航天靴由压力靴和舱外热防护套靴组成，其中压力靴是服装气密加压限制层的延续。通常将踝部活动关节设计在压力靴上，并与压力服相连接。航天服内部还设有废物收集装置，用于在紧急情况下收集、贮存和输送大小便。

第一代航天服

近代的航天服是 1961 年在美国问世的。1961 年 5 月，阿仑·谢泼德第一个成功地进行了美国最早的载人航天飞船计划——"水星"计划的亚轨道飞行。飞行所用的航天服，是由当时美国海军的高性能战斗机飞行员穿着的 MK-4 型压力服改进而成的。这种航天服由涂过氯丁橡胶的布质防护层和经过氧化铝处理的强化尼龙的内绝热层叠合而成，肘和膝关节部分缝入了金属链，容易弯曲。不过，当内压提高时，航天员难以活动身体。

第二代航天服

美国在 20 世纪 60 年代中期实施"双子星"计划时，又开发了第二代航天服。这种航天服在压力囊外蒙上了一层用特氟纶混纺材料织

🔴 美国"水星"计划中航天员阿仑·谢泼德穿着的银色航天服

成的网，即使大气压使航天服整体膨胀，航天员也活动自如。由于"双子星"计划要求航天员在进入太空后，在轨道上做会合或入坞的活动，因此这种航天服必须具有极佳的运动性。

第三代航天服

第三代航天服是实施"阿波罗"计划时使用的航天服。月面活动与浮游在太空的活动不同，必须一边步行，一边弯下身体采集岩石。再者，航天服还要保护航天员不会受到太阳辐射的伤害，以及不被从天而降的微小陨石砸到后破损。

美国"双子星"计划中航天员穿着的第二代航天服，携带有便携式氧气箱

这种航天服在关节周围有伸缩自如的褶子，大大提高了运动性能。航天员要穿着一种特殊的"内衣"。这种几乎盖住全身的内衣里缝入了长达 100 米、盘成网状、犹如空心面条的管子，管内流过冷水，可吸收航天员散发的热量，所以航天员穿上后会感到十分舒适。穿在内衣外的航天服由内绝热层、压力层、限制层（抑制压力层的膨胀）几层重叠，最外面还蒙上聚四氟乙烯与玻璃纤维制成的保护层。再戴上强化树脂制成的盔帽、多层的手套，穿上金属网眼的长筒靴。这就是完整的一套"阿波罗"航天服了。

"阿波罗"计划中使用的第三代航天服

"阿波罗"航天服与过去的航天服相比，根本的差别是采用了便携式生命保障系统，即将生命保障系统固定在航天员的后背上，以进行供氧、二氧化碳的净化和排除体热。

第四代航天服

↑ "阿波罗"11号飞行所使用的航天服拆解图

航天飞机上的航天员使用的航天服可以说是第四代航天服了。在此之前，航天服是定做的，不仅开发和制作上需要耗费巨资和大量时间，而且一件航天服只能用一次，这已远远不能适应新的需求了。

第四代航天服不是定做的，它被分成几部分，分别规格化为"特大"到"特小"几种尺寸，然后成批生产，加工成现成的服装。航天员只要从中选择合身的各部分加以组合，就可得到一套满意的航天服了。使用后，也不像过去那样送进博物馆，而是把航天服再分解，各部分清理后存放，等待再次使用。第四代航天服的使用寿命预计可达15年以上。

↑ 穿着舱外航天服的航天员

在"阿波罗"时代，穿戴一身航天服需要耗费1小时，而现在，穿戴第四代航天服（包括舱外机动套装）只需10~15分钟。新的生命保障系统可在长达7个小时内向剧烈消耗体力的航天员供给必要的氧、冷却水、电力。不仅如此，头盔内侧还可供给500毫升的饮料和少量的航天食品。

第四代航天服为男性航天员配备了尿抽吸装置，航天员可直接在航天服中进行排泄。女性航天员则使用纸尿裤。至于大便，航天员则必须在舱内解决完后再进行舱外活动。

虽然航天员穿着第四代航天服也可以在空间站进行工作，但在进入太空前，航天员需要进行大量的准备工作：呼吸 4 小时纯氧，或先在气压为 0.69 个标准大气压的舱内待上大约 12 小时后，再呼吸 40 分钟纯氧。这样做是为了将航天员体内的氮排出，并使身体适应低压环境。如果不做这些准备工作，航天员就会患上沉箱病。显然，第四代航天服难以适应空间站时代航天员在太空中的频繁活动。据 NASA 预测，太空时代，每个航天员每年需在太空中工作 1000 小时，为此要求航天服不但耐用，而且要大幅度降低成本。

🔘 女航天员展示纸尿裤

为了迎接空间站时代的到来，NASA 正在致力开发新的航天服。

与过去的航天服相比，新航天服在外观上有明显的不同，全身是金属铠甲那样的刚性结构，仅关节部分是可折皱的软结构。这种航天服的内压可提高到 0.54 个标准大气压，航天员在穿这种新航天服进入太空之前不需要准备过程，也不用再担心沉箱病。但是，内压的提高会使这种新航天服变得笨拙，运动性差。已试制成的这种航天服重达 90 千克，穿在身上根本无法在地面上正常行走。所幸的是，在太空中，重力变小了，航天员不用费很大的力气。不过，虽然重力变小了，但质量是不变的，仍然具有和在地面上一样的惯性，所以航天员不能快速移动。

航天服的制造和发展时间相对较短，未来的航天服将更适合人类的航天活动和在太空中生活的需要。

🔘 国际空间站上所使用的航天服

6.3 形形色色的太空食品

航天员在空间站中用餐

太空中所有的物品都失去了重量，变得可以随处飞扬，好像空气一样。这样，航天员就不能像在地球上那样可以随时取食，轻松地嚼咽，不然就会因食物不能下咽而卡在食道中间，危及生命。因此，科学家在研制宇宙飞船的同时，也在研究制造太空食品。

随着航天事业的发展，航天食品也有一个发展和改善的过程。以美国的航天食品为例，20世纪60年代发射的飞船中，航天食品只是为了解决航天员的"温饱问题"。那时发射的"水星"和"双子星"飞船中配备有三种食品：第一种是糊状食品，例如牛肉浆、苹果浆、菜泥和肉菜混合泥等，它们被压到铝制牙膏壳内，吃时像挤牙膏似的，将它们挤压到口中；第二种是"一口吃"食品，就是将食物压成一小块，一口可以吃一块；第三种是复水食品，它是一些冷冻干燥的食品，加水软化就可以吃了。由于这两个型号的飞船飞行时间都不长，且座舱小，因此航天食品只要维持航天员的营养就可以了。

到了70年代，美国在"阿波罗"7号、8号和9号飞行中，携带的太空食品与"双子星"飞船中的一样，航天员对这些食品非常不满意，带上去的食品常常出现剩余，航天员的健康水平也在下降。

"阿波罗" 10 号及以后的飞行中配备的食品有了很大的改进，主要是改进了食品的包装和增加了食品的花样。例如，在复水食品的包装上加了一个进水口，可加入热水；增加了罐头食品；除了各种主食和副食外，还有水果蛋糕、小点心、果冻、桃干、杏干、梨干等。"天空实验室"飞行的时间是 28 至 84 天，飞船中的食品水准有了进一步的提高：航天员采用 6 天的标准食谱，食品包装也做了全面的改进，采用了加封一层塑料膜的整盖易拉式铝罐包装，可以对食物进行加水和加温；实验室中建立了微型的"太空厨房"，厨房中有食品贮存设备、食品制造设备和航天员进餐设备；航天食品的花样和品种大大增加，在航天员的菜单上列了 80 余种食品和饮料。

进入 80 年代后，美国主要发射的是航天飞机，每次飞行 7~30 天，航天员是 6~7 人。航天飞机上的航天食品又有了重大改进，航天飞机中安装了更为适用的"太空厨房"，已经达到了使航天员满意的水平。航天飞机中的"太空厨房"实际是一个多功能的食品加工和贮存柜。贮存柜中有食品贮箱、调味品贮箱、加热器、分水器、餐具箱、清洁卫生用品箱和废物箱。此外，还有一个可以折叠的专门制备食品的台子。航天员在飞行中按照菜单进餐，菜单上的食品保证一周内不重样。此外，每天还有点心和零食。

在世界航天食品当中，我国的航天食品具有中国特色，特别是传统的中式菜品都尽可能地出现在航天食谱中，相比西餐更加美味、可口。中国的航天食品的特点主要表现在：形式上是以中式食品为主，膳食有主食和副食之分，主食主要以米面类的食物为主，副食讲究荤素搭配。在加工上注重色香味形，如八宝饭，不仅风味独特、色泽艳丽，其中的莲子、桂圆等配料还有保健功能，具有浓郁的中国特色。

空间站的食品可分为三大类：日常菜单食品、应急供应食品和舱外活动食品。食品也像在地面一样，有冷冻食品、冷藏食品和室温食品。应急供应食品是为了防备空间站发生严重事故而准备的食品，贮备了 45 天的用量。舱外活动食品是供航天员在舱外活动时吃的食品，它可以保证航天员舱外活动的顺利进行。航天员在发射前 6 个月选择好自己爱吃的食品，由航天食品专家为他们制定菜谱。准备好的食品全部放在一个"微压后勤舱"中，发射后才搬到居住舱中。航天飞机和运输飞船还会给他们送去新鲜的水果和食品。国际空间站中的食品非常丰富，足可以开一个"太空餐馆"。

航天员的食物丰富多彩，从最初的十几种已经发展到了100多种。航天员每天一般吃4顿饭，一周之内的食谱不重复。有人以为航天员的食品都是做成牙膏状的挤着吃，肯定很乏味，其实这是早期航天员的状况，早已今非昔比了。航天员可以在太空中吃到香肠馅饼、辣味烤鱼、土豆烧牛肉、奶油面包、豆豉肉汤、金枪鱼沙拉、饼干、巧克力、酸奶、果脯、果汁等各种各样的佳肴，美国航天员甚至可以喝到他们爱喝的可乐。

不过，航天员吃饭并不能随心所欲。他们必须按地面营养师为他们配制好的食谱用餐。美国航天飞机上的航天员吃饭时，先把标有第几天第几顿字样的塑料袋从食品柜中取出。每个塑料袋里装有好几种食品，供一名航天员食用。太空食品均为脱水食品，临吃前可把食物放入一个碗形的容器中，再用注射器将一定数量的水注进容器，最后放进烤箱里加热。一顿饭不超过半小时就可以"做"好。

太空餐桌是特制的。它具有磁性，能吸住刀、叉、勺、碗、盘等餐具，桌上装有水冷却器和加热器。吃饭时，航天员必须先把脚固定在地板上，把身体固定在座椅上，以免飘动。面对摆在餐桌上的饭菜，航天员不能着急，一定要注意端碗、夹饭、张嘴、咀嚼一连串动作的协调。端碗要轻柔，动作太猛，饭会从碗里飘出去；夹饭、夹菜要果断，夹就要夹准、夹住，最好不要在碗里乱拨拉，以免饭菜飘走，使用叉子效果最好；饭菜夹住后，张嘴要快，闭嘴也要快，因为即使是放到嘴里的食物，不闭嘴它也会"飞"走；咀嚼时节奏要放慢，细嚼慢咽利于消化，还可以减少体内废气的产生，避免对航天员生活环境的污染。

有些人喜欢在吃饭时聊天神侃，而在太空吃饭最忌讳的就是边吃边说。边吃边说会使嘴里嚼碎的食物碎末飞出嘴外，飘在餐厅或生活舱里，航天员稍不注意吸进鼻腔就容易呛到肺里发生危险。

虽然太空食品供应充足、花样齐全、营养丰富，但是航天员普遍抱怨在天上吃饭吃不出味道。科学家分析，原因可能不在食品本身，而是太空环境引起航天员的味觉失调。如失重使鼻腔充血，导致味觉神经钝化，唾液分泌发生变化影响味觉，或者因为看不到食物的颜色、闻不到食物的气味而影响味觉。

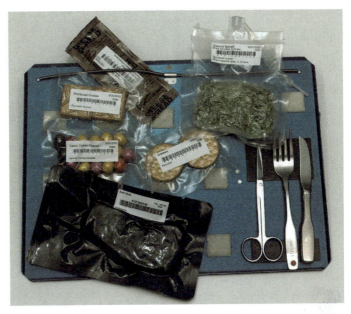

国际空间站上的食物以及餐具

由于太空环境特殊，因此航天员的食品与我们在地球上的食品要求不同。在微重力环境下的狭小空间中生活和工作，航天员的口味变得很特别，胃口不好，消化能力变弱。因此，航天食品必须要有足够和合理的营养成分，每天的食谱都要变化，食品必须符合卫生要求，杜绝航天员食源性疾病的发生，还要让航天员进食方便，容易储存。

根据专家介绍，对于短期和中期载人飞行，给航天员提供的主要是携带式食品；对于长期载人飞行，则提供长期生物再生食品。

携带式食品按用途可分为食谱食品、储备食品和救生食品；按加工类型、使用方法和具体用途则可分为复水食品、热稳定性食品、冷冻冷藏食品、压缩干燥食品和辐射食品，其中除压缩干燥食品为救生食品外，其余均为食谱食品和储备食品。

食谱食品是预先给航天员确定每天食谱、按食谱制成的各种便于食用和储存的食品。如复水食品，实际上是一种低温干燥食品，食品干燥后体积、质量都很小，便于携带。这种食品包装袋上都有一个单向注水阀门，食用前要先注入一定量的水。热稳定性食品是经加热灭菌处理的软包装和硬包装罐头食品；冷冻冷藏食品是地面上冻好带进太空的，解冻后即可食用；辐射食品是经过放射线杀菌后的食品，这种食品不易变质。

长期生物再生食品就是通过受控生态生命支持系统利用植物光合作用生产出的食品，包括小麦、土豆、甜土豆、大豆、花生、大米及干豆等主食，以及西红柿、胡萝卜、甜菜、菠菜、卷心菜、洋葱、生菜、小萝卜等蔬菜。

此外，还有一些特殊食品。例如当飞行器发生故障时，航天员到舱外长时间维修，这时航天员必须穿着带有应急食品的航天服。应急食品通常是用铝管包装，放在头盔颈圈内一种叫供食器中的固体或半固体、流质食品，供航天员在舱外活动时食用。

6.4 不怎么舒适的太空生活

除了日常的任务和应付一些令人讨厌的事情外，航天员还不得不面对因在轨道长时间停留而造成的严重健康影响，其中最明显的就是对骨骼的影响。

最近进行的一项研究发现，在太空逗留半年时间，航天员的骨骼强度至少下降14%。其他研究则发现，在空间站工作时，航天员的骨矿物密度每月下降幅度在0.4%至1.8%之间，这会提高他们晚年出现骨折和骨质疏松症的风险。

虽然在空间站还并不能完全解决这个问题，但为了降低影响，航天员在空间站工作时会坚持进行壮骨训练，回到地球后也会接受康复训练，避免让自己的骨骼提前进入90岁。

🔸 航天员在国际空间站中的日常锻炼

虽然空间站的规模在不断壮大，但空间仍然非常局促。过去一年半时间里，工作在这个轨道实验室的航天员通常为 6 名，这也就意味着有限的空间要被更多人共享。航天员的"宿舍"内部空间尤

↑ 航天员在国际空间站上的睡眠方式

为狭窄，和一个电话亭差不多，睡在里面并不舒服，而睡在自由飘浮的睡袋内又不是一件安全的事情。

加拿大航天员朱莉·帕耶特曾表示："晚上睡觉的时候，你可能四处飘动，醒来的时候早已不在原来的地方。"在太空无重力环境下，睡觉根本毫无"舒服"可言，简直就是遭罪。

在太空零重力环境下工作，不能洗澡常常是一件令航天员非常沮丧的事情。在地球上洗澡是一件再普通不过的事情，洗澡水从喷头中喷出而后听话地流进下水道，但在零重力状况下，一切却成为不可能。

↑ 航天员在国际空间站上洗澡

在空间站上，航天员使用一种水枪喷水，用这种方式洗澡和洗衣服。此外，他们还用一种特制的免洗洗发香波保持头发清洁。帕耶特说："我们洗澡和洗头就好像正在进行一次远征或者参加露营一样。"

在国际空间站上，最令人头疼的一个问题可能就是上厕所。空间站上共有两个厕所：一个位于俄罗斯舱段，另一个位于美国舱段。

上厕所是一件麻烦事，如何处理废水也是一个令人头疼的问题。自 2009 年 5 月

↑ 国际空间站上的卫生间

起，尿液回收后进行再利用，变成清洁的饮用水和洗澡水。航天员桑德拉·马格努斯说："这既是一件令人恐怖的事情，也是一件非常有趣的事情。你们一定会问'你们要喝尿吗？'绝对不是这样，我们喝的是处理过的尿液，是清洁的饮用水。"在安装尿液回收利用系统时，马格努斯刚好在空间站上。

6.5 欣赏太空美景

　　从不同的地方以不同的角度观察物体会得到不同的图像，地球也是，从处于几百千米高空的空间站去欣赏地球，每时每刻看到的也是不同的风景。

　　下面我们来欣赏一组NASA官网上发布的航天员在国际空间站上拍摄的太空与地球的照片。

在国际空间站上拍摄的美景

太空美景

第 **7** 章
惊心动魄的空间站事故

>>>

7.1 悲情的"礼炮"1号空间站

"礼炮"1号空间站是苏联的首个空间站,也是人类历史上首个空间站,于1971年4月19日发射升空。

"礼炮"1号的用途是测试空间站的系统组件,做一些与科学相关的实验研究。"礼炮"1号长20米,最大直径4米,内部空间99立方米,在轨道时的净重量是18 425千克。"礼炮"1号内有数个分隔区,其中3个加了压。

第一个舱是传送舱,它直接与空间站连接,泊接口呈圆锥形,前面宽2米,后面宽3米。

第二个舱是主舱,直径大约4米,可以容纳8张大的椅子,有7个工作台、数个控制板和20个舷窗。

第三个间隔是辅助舱,它包含了控制和通信装置、电力供应与维生系统以及其他辅助装置。

第四个,亦是最后一个舱,直径大约2米,装备了引擎和其他控制装置,此舱并没有加压。另外,空间站装备了两块太阳能电池板,放置在空间站的两端;还有一个放射式散热器、一些定位和控制装置。

"礼炮"1号是由"金刚石"系列军用空间站其中的一个机身修改而来,而没有加压的服务模组则是由"联盟"号的服务模组修改而来。

"礼炮"1号上安装有"猎户座"1号太空天文台,它由多布罗沃利斯基设计,属于位于亚美尼亚的布拉堪天文台。利用此装置的镜面望远镜和梅森系统可以得到星体的紫外光谱图。望远镜由航天员帕查耶夫操作,他成为第一个在地球大气层外操作望远镜的人。

1971年4月23日,苏联发射"联盟"10号宇宙飞船并成功入轨。

之后,"联盟"10号寻找"礼炮"1号空间站并尝试与其进行对接,虽然两者尝试对接了5.5小时,航天员依然无法进入"礼炮"1号空间站,"联盟"10号只好打道回府。

同年6月6日,"联盟"11号飞船从拜科努尔发射场发射升空,载有多布罗沃利斯基、沃尔科夫和帕查耶夫3名航天员。飞船经变轨飞行后,与"礼炮"1号交会对接成功,3名航天员进入了空间站。他们在空间站共停留了创纪录的23天18小时。6月29日21时,3名航天员离开"礼炮"1号返回。

6月30日1:35,飞船启动制动火箭。在再入大气层前,返回舱和轨道舱分离。但两舱爆破分离时,返回舱的压力阀门被震开,舱内急速减压,致使航天员在短时间内因急性缺氧、体液汽化而死亡。根据飞行数据记录器中的生物传感器显示,事故发生的40秒后航天员死亡,212秒后,舱内气压为0。

当气体开始泄露的时候,3位航天员正位于168千米的高空。几秒钟后,帕查耶夫意识到了这个情况,并开始自救。他将自己从座位上解开,并试图堵住真空管的进口。手动关闭这个进口大约需要几十秒,由于空间狭小,其他两位只能眼睁睁地看着——他们根本没法移动。

返回舱安然着陆,但人们打开舱门,看到的却是刚刚遇难的3名航天员静静地躺在里面,像睡着了一样。

这次灾难的原因是飞船设计不合理,座舱非常拥挤,这使得返回程序明确规定,航天员在返回前必须脱掉航天服。为此,卡马宁将军被撤职。这是苏联载人航天活动中最悲惨的一次灾难。

事故又一次推迟了苏联空间站的使用计划,"礼炮"1号此后再无人进入。指挥中心不得不在其发射后175天发出降轨指令,使其坠毁。"联盟"号飞船的飞行计划中断长达27个月,以改进"联盟"号的安全性能,将乘员从3人减为2人,并增加了一套生命保障设备,规定航天员在上升、返回段必须穿上航天服。

为纪念指令长多布罗沃利斯基、实验工程师帕查耶夫和飞行工程师沃尔科夫,他们的遗体被安置在莫斯科的克里姆林宫。虽然他们已经去世,但他们的精神将长留星际,鼓舞后人继续探索浩瀚的宇宙。

7.2 失联的"礼炮"7号空间站

"礼炮"7号是苏联"礼炮"系列空间站的最后一个。它原本是"礼炮"6号空间站的备份,长约16米,重约19吨,拥有前后两个对接口,设计寿命4年以上。

"礼炮"7号是一个承上启下的作品,作为"冷战"时期的产物,它很好地展示了苏联的国威,使竞争对手美国反而成了苏联的追赶者。美国人首先登上了月球,但接下来却有些"不思进取",结果被苏联超越,接二连三地打出了一个又一个的"礼炮",这是胜利的炮声。

"礼炮"7号运营了8年,共接待11批28名航天员。在载人运行的1250天中,曾先后与"宇宙"1686号和"宇宙"1443号无人货运飞船、"联盟"T-9号、"联盟"T-15号等10艘载人飞船实现了航天器太空"三位一体"的对接航行,创造了航天史上多个"第一"。此外,1984年,它还创造了3名航天员在太空连续飞行237天的纪录。

但是,事情并不总是一帆风顺。在"礼炮"7号升空3周年来临之际,1985年2月11日,"礼炮"7号的主无线电发射机关闭了,而且与地面失去了联系。

苏联人在分析遥测信号后认为是发射机跳闸,但在发出重启指令后,发射机仍无动于衷,连无线电接收机也罢工了。

这下,"礼炮"7号成了断线的风筝,彻底失去了联系。扬国威的宝贝疙瘩就此废掉,苏联人当然不甘心。而且,他们更担心的是,美国人要是派个航天飞机上去,占领了它,岂不是白捡便宜,到时候丢的不仅是空间站,还有苏联的核心机密。于是,他们决定派人上去修复。这个过程非常惊心动魄,后来,俄罗斯还专门拍摄了一部电影——《礼炮

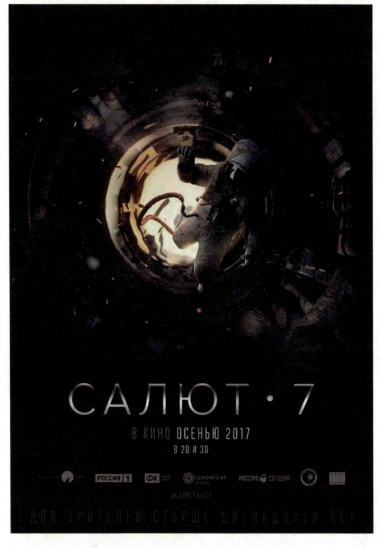

电影《"礼炮"7号》(又名《太空救援》)的海报

7号》(国内翻译为《太空救援》)来讲述这个故事。

实际上,在失联的状态下,贸然前往救援是极度危险的,而且别说当时,即便是现在,也没有足够的技术条件来支持。

前往救援的两位航天员分别叫弗拉基米尔·贾尼别科夫和维克托·萨维尼赫。其中,贾尼别科夫是已退役的航天员,属于再次征召,萨维尼赫则是一位经验丰富的工程维护师。1985年6月6日,他们搭乘"联盟"T-13号飞船,前往太空搜寻"礼炮"7号,试图对接并对其进行修复。

搜索到"礼炮"7号不算难,但对接并不容易。通常的对接是飞船与空间站之间在相互通信状态下完成的,可以沟通配合。但现在,"礼炮"7号处于不可控制状态,只能操控飞船去强行对接。从体积上看,"联盟"T-13号飞船比"礼炮"7号小许多,对接的过程就像小小的驯兽员去驯服一头失控的大象。电影《"礼炮"7号》中就充分展示了这一对接过程的艰难。

考虑到"联盟"T-13号飞船的体量及安全问题，地面控制中心只能给他们3次对接机会。如果对接成功，就继续完成任务；如果失败，就只能选择放弃。

实际上，在"礼炮"3号与"礼炮"5号运行时，就曾经发生过飞船与空间站对接不成功，导致航天员不得不返回的经历，而且那一次还是在"礼炮"3号与"礼炮"5号处于正常运转状态的情况下。

此次，贾尼别科夫和萨维尼赫面临的是一个无法取得联系的失控的庞然大物。对接的艰难过程，在电影中被拍摄得惊心动魄，格外好看，也是电影着力突出的一个环节。

好在，两位航天员在第二次尝试时取得成功。实际上，他们的运气很好。"礼炮"7号的发电系统坏掉了，"礼炮"7号还保持着坏掉前的飞行状态，并没有发生高速翻滚。驯服一头睡熟中的大象，毕竟比驯服一头疯狂的大象容易多了。贾尼别科夫凭着高超的技艺，有惊无险地完成了对接，两位航天员得以进入空间站。

由于停电，整个空间站就像一个超大的冰柜，无法通风，也无法供水。

更要命的是，"联盟"T-13号飞船上的供水只够8天用，从6月6日起可以坚持到13日。即便他们省之又省，再加上从"礼炮"7号上搜到的前任飞行员遗留下的几个水袋，他们最多只能坚持12天。

其实，当时他们最大的危险还不是水与食物的问题，而是空间站无法通风，这使得他们呼出的二氧化碳无法被及时吹散，会悬停在脑袋附近，令他们随时都有二氧化碳中毒的危险。

当务之急是恢复供电。只要"礼炮"7号上能够供上电，空间站就能再次运转起来，许多问题也就能得到解决。之前"礼炮"7号发生的停电是线路发生短路造成的，航天员们也不敢贸然把"联盟"T-13号上的电直接连接过来，万一把"联盟"T-13号也搞短路了，他们就彻底玩完了。

在地面指挥所里，大家集思广益，要求两位航天员去分别测试下"礼炮"7号上8组蓄电池的工作情况。结果，他们发现8组中的6组有反应，可以正常使用，坏掉的只有两组。

他们的运气实在是不赖。

于是，两位航天员接下来的工作，就是把诸多电缆从没有反应的两组蓄电池上跳过，也暂时不与空间站的电路接通，而是让太阳能电池板直接与正常的 6 组蓄电池进行连接，看能否顺利完成充电。这是一项繁重而庞大的工作。光这一项，就花去了他们 3 天的时间。

当这些工作完成后，两位航天员用"联盟"T-13 号飞船的动力带动"礼炮"7 号进行姿态调整，使太阳能电池板对准太阳。经过一天的充电，航天员再把蓄电池连接到"礼炮"7 号的电路系统中，这下终于解决了电力的问题。

有了电，就有了通风，也有了空调。接下来的工作就顺利多了，他们先是修复了空间站与地面的沟通信号，然后依次修复其他问题——他们挽救了"礼炮"7 号。

6 月 23 日，从苏联发射的"进步"24 号货运飞船成功对接"礼炮"7 号空间站，带来了重要的补给，两位航天员开始后续工作。

"礼炮"7 号的传奇故事还不止这一个，相传 1984 年 7 月，在苏联的"礼炮"7 号空间站上发生了一件灵异事情，其分别身处空间站两处的 6 名航天员突然看到"天使"出现在空间站周围，紧接着整个人便处于一种非常舒服平和的状态。尽管一直以来围绕着这件事充满了许多观点，有人认为是航天员的幻觉所致，但无论怎样，这无疑是人类探索太空时要面临的一个严肃问题。

之后，贾尼别科夫在"礼炮"7 号上工作了 110 天，乘坐"联盟"T-13 号飞船返回，萨维尼赫则工作了 169 天，乘坐"联盟"T-14 号飞船返回。后来，他们都被授予"苏联英雄"的称号。

这是因一场灾难而引发的一个传奇，一个属于航天人的壮丽传奇。他们用智慧和无畏，在太空抒写了人类探索宇宙的奇迹。

7.3 险象环生的"和平"号空间站

"和平"号空间站是集苏联第一代、第二代空间站的经验建造的第三代空间站，是世界上第一个多舱空间站。可惜它生不逢时，不满6岁就遇上了苏联解体。杂乱无章的经济改革使后来的俄罗斯经济陷入困境，不得不大大削减花费高昂又不赚钱的航天开支。"和平"号只得为"五斗米折腰"，与外国航天界合作，争取外援维持生存。

先后有12个国家的100多位航天员登上"和平"号，其中，外国航天员就有62位。这倒符合了俄文"和平"的另一个含义"世界"，"和平"号成了名副其实的"世界"号，成了"国际"空间站。

尽管命运坎坷，"和平"号还是完成了24个国际性科研计划，进行了1700多项、16 500个科学实验。帮助15个国家的科学家完成了空间研究，研制产生了600项可供工业应用的新技术，确实是俄罗斯航天皇冠上最明亮的一颗珍珠。

但是，"和平"号也出过不少事故，据说达1500次之多。

1997年更是"和平"号的倒霉年，连出几个大事故。先是火灾，继而与"进步"号发生碰撞。

1997年2月23日，"和平"号空间站上由来自俄罗斯、美国和德国的6名航天员组成的乘员组，处理了一起站内发生的紧急情况。

当时新到"和平"号空间站的飞行工程师拉佐特金正在"量子"1号舱内用高氯酸制氧，制氧设备突然破裂，点燃了其周围的区域，引起了火灾。明火燃烧了90秒，烟雾蔓延到整个空间站。这起事件未造成航天员受伤，但它是在轨航天飞行器上发生过的最严重的着火事件。

"和平"号空间站发生火灾时正飞行在中非上空，与地面没有无线电联系。空间站几乎要绕地球飞行整整一圈后，机组人员才能通过位于瓦洛普斯岛的NASA地面站把这一情况传送到俄罗斯的"和平"号控制中心。

美国航天员利宁格组织了一个医疗小组，以检查机组人员的身体，保证他们不受吸入的烟雾的影响。欧洲的业余无线电爱好者收集到"和平"号传回的报告，机组人员称因烟雾刺激而感到不舒服。

站上机组人员说，"和平"号空间站上的空气过滤系统为消除站内烟雾起了很重要的作用。该系统不仅包括能抽吸空气中二氧化碳的有源洗涤器系统，而且能启动活性炭过滤器、玻璃纤维过滤器和催化的化学吸收剂。

在起火的当天晚上，"和平"号空间站上的机组人员由于要排除站内的烟雾而未睡觉，而且之后他们还必须戴着面罩睡两个晚上。

利宁格对此表示担心，由于要消除烟雾的影响，机组人员戴着过滤面罩而可能吸入过多他们自己呼出的二氧化碳。

在轨航天器上发生的任何火灾都是很严重的事情，而俄罗斯地面控制人员在事件发生12个多小时后才告知NASA。本来要通知NASA的官员是很容易的事，因为在位于莫斯科郊外的加里宁格勒"和平"号控制中心有NASA的常驻人员。

然而，不幸的是他们在"和平"号着火前不久刚离开控制中心，直到第二天上午10点钟回到工作岗位后才知道火情。NASA的工作人员之所以要常驻加里宁格勒，是因为"和平"号空间站上每3人组成的机组乘员中就有1名美国航天员。

1997年，对于"和平"号空间站来说真是祸不单行的一个年份。继2月份发生火灾事故之后，又在6月份发生了空间站被意外碰撞的不幸事件。

这起事故发生于1997年6月25日，当时不载人的"进步"M-34号飞船从空间站"量子"2号舱的后对接口脱离空间站。这艘"进步"号飞船于4月8日携带补给物资与空间站对接。它装有新的远距离无线电操纵电子装置，这样使空间站上的任务指令长可远距离操纵这艘飞船。

虽然俄罗斯在"联盟"号和"进步"号飞船与"和平"号和6个"礼炮"号空间站的对接中，使用的较老式的全自动对接系统一直都很成功，但俄罗斯方面仍想研制新的、回路中有人介入的系统，以提高对接操作的灵活性，同时他们也想减少对乌克兰制造的对接系统的依赖。"进步"M-34号飞船在飞离空间站一段距离后，任务指令长楚勃列夫于6月25日晨就用这种系统操纵这艘飞船飞回来与"和平"号空间站的后对接口实现对接。

在"和平"号核心舱的控制站上，楚勃列夫有一个从"进步"号传回"和平"号图像的电视装置。不载人的"进步"号飞船的这种电视图像装置基本上与载人的"联盟"号飞船的靠近显示装置是同一类型的，它包括用大量数据叠加的十字瞄准线。这个控制站上还有用于转动和平移的手动控制器以及系统模式开关。

在1997年4月用早先的"进步"M-33号飞船对这套系统进行各种试验期间，当"进步"号以相当快的速度靠近空间站时，这个电视系统出过故障。然而，在那次事件中，"进步"M-33号对楚勃列夫的指令做出了反应，避免了与"和平"号空间站碰撞。

俄罗斯决定在"进步"M-34号飞船上再次试验这个系统，甚至以"理论上"的最低碰撞概率进行。其实，美国人和俄罗斯人都大大低估了试验的风险。

"进步"M-34号飞船最后的靠近段刚巧处在俄罗斯地面站和中央飞行控制中心的控制范围之外。当"进步"号飞船靠近"和平"号空间站时，"和平"号上与"进步"号飞船的"速率中止控制"有关的部件却失灵了。后来，楚勃列夫传回地面的话是，"7吨重的'进步'号飞船很快地靠近。"

"和平"号空间站和"进步"M-34号飞船在欧洲上空400千米处飞行，这艘不载人的"进步"号飞船对楚勃列夫的指令未做出响应，并飞越了"和平"号核心舱舱体，沿着空间站的长轴直接向其最大的躯体飞去。"进步"号飞船与"光谱"号舱上的一块太阳能电池板相撞。碰撞力使"光谱"号主舱体向内偏转，并把覆盖在舱体外部散热器上的保护盖撞得移位。"进步"号飞船反弹回去并继续从"和平"号前部飞过。

由于对"进步"M-34号飞船失去了控制，楚勃列夫下令站上航天员迅速进入空间站的前对接口上的"联盟"号救生飞船。当他们到达空间站前对接口处时，他们就感觉到了"进步"号飞船在撞击"光谱"号增压舱，他们的耳朵"探测"到了空气压力的变化。由于整个空间站开始降压，他们还听到空气泄漏时发出的"吱吱"声，因为"光谱"号舱门打开着。

突然面对可怕的紧急情况，空间站上航天员们意识到"光谱"号舱壳体已经破裂并准备关闭其舱门。但美国航天员福文莱仍有足够的时间冲入"光谱"号舱内关闭了舱中大部分电气设备，然后，他与俄罗斯航天员一起开启了电气线路的快速断开开关，以切断那些悬挂着的穿过"光谱"号舱与空间站对接口处的电源线。他们还使用紧急切割工具切断了那些悬挂着穿过光谱舱舱门的数据线。

碰撞事故发生后8分钟，航天员关闭了舱门，于是"光谱"号舱与外界真空环境相通。

由于还不能确定整个受损范围，站上乘员开始准备登上"联盟"号飞船，以便可随时迅速撤离空间站。然而，与飞行控制中心取得联系后，他们获悉整个空间站仍保持着正常压力。

这一事故发生在莫斯科时间下午两点到两点半之间。数据表明，在"光谱"号的舱门关闭之前，整个空间站的压力从正常的760毫米汞柱下降到690毫米汞柱。美国"和平"号航天飞机计划主任弗朗克·库尔伯特森说，这相当于处在地球上海拔900米左右高度的大气压。

无论是站上乘员还是俄罗斯地面控制人员都不清楚这个裂口是否真正被击穿，密封舱是否被扭弯或者是撕开一条缝。其降压的速率表明，击穿口面积大约为3平方厘米。后来的电视图像表明，一个太阳能电池板被撞坏，散热器结构上有受压的凹坑，但无明显的壳体击穿情况。

当"光谱"号舱被隔离开以后，站上乘员又

俄罗斯控制中心最终控制了"进步"M-34号飞船。他们期望不再发生同样的故障，从而影响安排于7月初的"进步"号的关键任务。新的"进步"M-35号飞船将使用老式的全自动系统与空间站对接，而不用新的遥控操作模式。

对俄罗斯一直采用这种把电缆悬挂穿过舱门入口的做法，NASA、欧空局和法国航天员办公室都曾表示过担心，特别是在紧急情况下。

面临另一紧急情况——电能在迅速减少。"光谱"号舱上的 4 个先进的大型太阳能电池板一直为整个空间站提供一半的电能。虽然还有 3 个太阳能电池板未受损并工作正常，但是当航天员为了关闭舱门切断了电缆后，空间站也就丧失了这部分电力，这使得"光谱"号舱不能向空间站其他部分提供电能了。"光谱"号舱减压至真空，也使该舱内的蓄电池无法正常工作。

由于空间站的电力下降了一半，站上其他蓄电池的供电能力也开始迅速下降。这就造成空间站上的多个姿控陀螺的速度也缓慢下降。为避免陀螺控制系统再遭损坏，航天员不得不关闭空间站上的陀螺控制系统，并开始通过人工启动空间站上的大型姿控推力器来控制姿态。

当事故发生时，空间站的姿态控制正常，主要是因为"光谱"号舱上的太阳能电池板能充分接受日光照射，但目前"光谱"号舱至少是暂时处于无用状态。乘员开始用推力器使空间站实施机动，让其他舱体上的太阳能电池板朝向太阳。空间站上的这些旧太阳能电池板的能力由于在太空暴露了近 10 年而大大地衰减了，因此它们能产生的电力比它们刚发射时降低了很多。

幸运的是，在 3 名航天员的快速反应和后续紧急维修下，"和平"号得以继续在轨运行并等来了前来救援的"亚特兰蒂斯"号航天飞机。尽管如此，"进步"M−34 号造成的碰撞事故还是成了压死早已被各类故障缠身的"和平"号空间站的最后一根稻草。对"和平"号安全性的担忧让 NASA、欧空局等纷纷把资金转移到国际空间站上，"和平"号最终化成了天空中无数颗"流星"中的一颗。

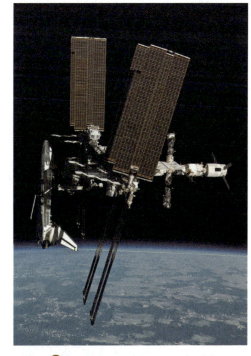

航天飞机与"和平"号空间站对接

7.4 并不平静的国际空间站

2000 年 11 月 2 日，首批航天员登上国际空间站，相比于 20 世纪七八十年代建成的空间站，国际空间站的空间扩大了，技术也更加先进。如此巨大的在轨运行的航天器，其复杂程度是超乎想象的，国际空间站不可避免地发生过一些事故和故障，好在这些问题的出现都有惊无险，最终均化险为夷，同时也为人类以后改进在太空长期居住的设施提供了宝贵的经验。

制氧机着火

2006 年，一场险些酿成灾难的制氧机故障，让俄罗斯航天员帕维尔至今心有余悸。

2006 年 9 月 18 日上午 7 : 23，国际空间站内突然警报声大作，仪器显示一个居住舱中出现气体泄漏，空间站立刻进入应急程序——"联盟"号随时待命，航天员则戴上氧气面罩和手套。帕维尔后来在接受俄新社采访时说，当时整个空间站"弥漫着一股焦煳味"。

随后他们发现，罪魁祸首是一台俄制制氧机，其中的橡胶垫圈因过热而烧焦，并导致有毒物质氢氧化钾泄漏。氢氧化钾属于强碱，容易引起灼烧，这对空间站而言是致命威胁；此外，一旦有毒气体被人体吸入，它也会腐蚀呼吸道。

航天员立刻关闭了制氧机，并切断了舱内的通风系统，以免氢氧化钾扩散。幸亏泄漏的氢氧化钾不多，在紧急处理了数小时后危机终于解除。后来 NASA 评论，这是"国际空间站运行以来最严重的一次事故"。

冷却系统故障

2013 年 12 月 13 日，国际空间站的两个外部冷却循环系统中的一个因散热不良而自动关闭。经过地面人员的遥控检查，故障原因是冷却剂的流量控制阀出了问题，导致冷却剂泄漏，最终引发系统散热不良。

在当天的例行报告中，美国航天员理查德对 NASA 的地面控制中心汇报："照明没问题，厕所也在正常工作，饮食也没有受影响……我们目前状况稳定。最大的问题是，许多科学实验不能按原计划进行了，我们也不得不取消了一些活动。"

航天员用另一个冷却循环系统维持空间站运转，同时在 NASA 的指挥下进行了 3 次紧急出舱维修。他们不仅要拆开机器换掉控制阀，还得处理那些泄漏的冷却剂，每次太空行走平均要花费 6.5 个小时。

自从 1998 年第一个组件发射成功以来，这座累计耗资破千亿美元的"太空别墅"已经服役了 10 多年。此前，国际空间站的冷却系统出现过两次严重故障，一次发生在 2010 年，另一次则发生在 2012 年 5 月，最终都由航天员紧急出舱进行了修复。

出舱停电

被空间站事故吓着的，当然不止帕维尔一人。

2010 年 5 月，美国"亚特兰蒂斯"号为国际空间站送去一个俄制小型实验舱。为了让它与空间站对接，瑞斯曼和同事鲍恩要执行一次 6.5 个小时的太空行走任务。

当他们工作了两个小时后，空间站突然停电了，机械臂的主控电脑瞬间崩溃。当时瑞斯曼被固定在 17.6 米长的机械臂末端，而正在操作其他仪器的鲍恩也被迫停止工作，所幸他们的氧气供应都没有问题。

空间站的备用电源立刻启动，但机械臂的主控电脑重启需要时间，这也让瑞斯曼像一件衣服一样，在外太空被"晾"了半个小时。

病毒危机

国际空间站类似的小事故不一而足。2013 年 11 月 12 日，俄罗斯著名安全专家尤金·卡巴斯基披露，一名俄罗斯航天员携带的 U 盘已经导致国际空间站感染病毒。

卡巴斯基并未披露国际空间站因为病毒感染而受到的具体影响，也没有透露受感染的日期。但外界猜测，感染有可能是在 2013 年 5 月对国际空间站进行维护时发生的。当时航天员准备将整个系统由 Windows

更换为 Linux，使之更加"稳定而可靠"。

蜘蛛"走失"

在国际空间站漫长的服役岁月中，还有几次令人啼笑皆非的事故。

2008 年 11 月 20 日，国际空间站服役 10 周年纪念日，航天员在准备派对的同时，还得忙着寻找一位走失的"嘉宾"——一只蜘蛛。

就在 3 天前，美国"奋进"号航天飞机把两只蜘蛛带入空间站，以便科学家观察蜘蛛如何在零重力状态下织网。它们被分别装在站内实验室的两个彼此隔离的容器中，但是纪念日当天，航天员发现其中一只蜘蛛不见了，于是把蜘蛛列入丢失物品清单。

在失踪 5 天后，蜘蛛终于现身了。这只蜘蛛由于失重而"神经高度紧张"，在容器里的隐秘角落昏迷了好几天，清醒过来后才爬出来。

厕所"罢工"

2009 年 5 月，不幸的航天员们遇上了一件"头等大事"。

当时，"奋进"号刚与国际空间站对接，两边的航天员加起来共有 13 人之多，而偏偏此时空间站的厕所发生故障，无法回收尿液（尿液经过净化后将变成饮用水）。据航天员报告，用来冲马桶的水错误地流进了其他地方。

为了解决"方便"的问题，两名航天员先是进行了一系列复杂的遥控操作。在多次尝试未果后，比利时航天员弗兰克·温尼戴上了护目镜、手套和面罩，进入异味弥漫的厕所，手动维修马桶。

现实依然很残酷，空间站不得不启用一个俄制的、不太舒适的备用厕所，航天员偶尔还得到"奋进"号航天飞机上面去借用。

在"奋进"号离开后，国际空间站站长布莱恩·史密斯忧心忡忡地向地面报告："这周真的很漫长。我们不知道 6 个人用一个厕所能坚持多久，我们已经被迫使用后备集污袋（一种可吸附于人体上的袋子）了。"

一个月后，美国"发现"号航天飞机升空，带来了一个特制的马桶抽吸装置——它相当管用，大问题终于得以解决。

躲避垃圾

2015 年 7 月 16 日，国际空间站险遭太空垃圾（俄罗斯一颗气象卫星的残片）袭击。当时飞来的碎片离国际空间站只有 3 千米，3 名航天员却只能用半小时的时间躲进逃生舱，暂时停留在空间站附近的"联盟"号宇宙飞船内避难。而之后，航天员则需要花一个多小时才能返回国际空间站重新开始工作。

这已是国际空间站建立以来第四次遇到类似的事件了。据悉，国际空间站所在的轨道上有 2.2 万块由废弃卫星、火箭残骸、航天器爆炸和相撞所产生的碎片。这些碎片的直径至少有 10 厘米，飞行速度为 28 160 千米/时，会给轨道中运行的飞行器带来安全威胁。

第**8**章
空间站的"生意经"

8.1 广告大战

可口可乐与百事可乐一直以来就是商业上的死对头，尽管我们也说不清楚这两种可乐到底有什么区别，但两家公司多年来为了争夺市场一直进行着无休止的"斗争"，甚至曾经斗到了太空，爆发了一场旷日持久的"可乐星球大战"。

故事要从 1984 年说起。当时可口可乐公司与 NASA 在休斯敦的约翰逊航天中心进行技术谈判，讨论可口可乐能否作为航天飞机上航天员的太空饮料。最终双方达成一致，认为航天员如果能随时在太空中喝到可口可乐，心情一定会很畅快，会觉得与在地球上没有什么两样，这样对于航天员的太空生活是有益的，能够使其保持健康而快乐的心情。于是双方达成协议，共同研制供航天飞机上的航天员使用的罐装可乐饮料成型机。

要上太空了，这无疑会使公司品牌变得"高大上"。

很快，百事可乐公司就得知了此事，立即致信当时 NASA 局长金·巴格斯，质问太空饮料这等大事你们怎么能搞暗箱操作，强烈要求以公开竞标的方式确定太空饮料的研制合作方。这下，不仅百事可乐进来了，还有另外 5 家美国软饮料公司也加入了竞争的行列。

原本不是什么大事儿，无非是让航天员喝点有味儿的汽水，却一下子变得如此兴师动众。这场"可乐星球大战"最后惊动了美国白宫，里根总统不得不含糊其词地表态，合作双方本没有错，但确实违反了在计划实施前不得公开的协议，算是各打五十大板。结果，百事可乐公司也获准加盟这次太空广告。

1985 年 7 月 9 日，百事可乐打出了"人类第一口啜饮"的口号，这是参照了那句"人类登上月球的第一步"。7月11日，在航天飞机即将发射的前一天，两家公司在肯尼迪航天中心大打广告战，为现场的工作人员和新闻记者又是分发饮料，又是派送广告T恤。

NASA将航天员分成红蓝两组，在太空中分别试喝两家公司的可乐，但航天员们反映两家可乐的味道都怪怪的。没有得到航天员们的好评，这场可乐大战暂时偃旗息鼓了。

到了1991年3月，可口可乐公司开始重新研制新的罐装饮料。1994年7月，航天员艾伦·科林斯和巴纳德·哈利在KC-135飞机失重训练飞行中尝试了该公司新推出的太空饮料，感觉还不错。在随后的航天飞机飞行中，他俩与指令长韦瑟比再次试用了这款新型的太空可乐饮料，都表示味道好极了。

没有在航天飞机上打上广告，百事可乐公司将目标投向了俄罗斯的"和平"号空间站。1996年4月，两名俄罗斯航天员手持百事可乐的广告产品大声宣称，"即使在太空，百事可乐也正在改写历史"。根据后来BBC（英国广播公司）和美国《华尔街日报》的报道，百事可乐为此支付了高达五百万美元的广告费。

⬆ 可口可乐公司研制的太空可乐罐

⬆ 用于空间站零重力环境下的可口可乐罐装设备

竞争对手竟然能在太空打这么大一个广告，可口可乐公司坐不住了，也把目标转向了"和平"号空间站。事实上，可口可乐公司只是在宣传上落后于对手，真正在技术方面，还真的做了一些零重力下如何饮用可乐的装置，以及罐装设备。这些都为后来航天员在太空中的生活提供了不少便利。

　　这场可乐"星球大战"只是太空广告的一个缩影，或许将来广告也会登陆火星。太空的商业利用价值正是航天事业走向成熟的标志，深刻体现了太空科技与我们日常生活是息息相关的。

8.2 靠广告筹钱的"和平"号空间站

　　除了上一节所说的广告之争，"和平"号空间站还有其他的商业活动。1988 年 6 月 7 日，保加利亚航天员萨文内赫和亚历山德罗夫与苏联航天员索洛维夫一起，乘"联盟"TM-5 号飞船进入太空，9 日与"和平"号空间站对接，17 日返回地球。尽管在飞船与空间站对接、航天员出舱活动期间以及飞船返回时，都曾出现过故障，但航天员总算完成了任务。就在这次任务的发射中，发射现场打出了两个国家的广告牌，这是前所未有的事情。

　　不久之后，瑞士一家广告公司与苏联宇航管理总局、对外贸易部签署了合同，要求在"和平"号空间站的表面刷上两块 3 米长、2 米宽的广告，把广告图案和标记贴在航天员的太空服上，并把广告板悬挂在火箭发射塔架上。该公司为这些广告支付了 100 万瑞士法郎的费用。

　　当时苏联的领导人戈尔巴乔夫和后来俄罗斯的总统叶利钦也曾时刻不忘为"和平"号招商，他们积极利用出访国外或接待国外领导人的机会，游说中国、德国、法国、英国、日本、意大利、西班牙、伊朗、以色列、智利和韩国等国选派航天员参加"和平"号空间站的太空飞行，每次收费标准约为 2500 万美元，这仅包括培训费和飞行费，至于上天后做实验的设备和样品，基本上都得自备。

1990 年 3 月，瑞士举行了一场盛大的商品博览会，苏联展台规模庞大。苏联拿出了"和平"号空间站、"能源"号火箭、"暴风雪"号航天飞机，以及许多其他型号卫星和火箭的精美模型，宇航管理总局副局长和"暴风雪"号总设计师还现场回答了参观者提出的各种问题，并努力寻找一切可能做生意的机会。

在这次博览会上，戈尔什科夫博士详细提供了"和平"号空间站的商业使用价目表：搭载比重为 500~600 千克/立方米，长、宽、高分别不超过 30 厘米的设备，每千克收费大约 2 万美元；如果比重超过 600 千克/立方米，收费还可以优惠。至于航天员上"和平"号工作的费用，则视具体情况和实际工作量来决定。例如，如果航天员需要出舱活动，则每小时收费 40 万美元；如果货物需要带回地面，则视其体积，收费标准从每千克 2 万到 6 万美元不等，具体数额必须通过详尽的分析才能确定。

国际知名厂商向来乐于找"明星"来做广告代言，这"明星"也包括公众普遍感兴趣的太空飞行任务。"和平"号空间站运行后期，由于俄罗斯的经济问题，其运行经费已经朝不保夕，一度甚至不得不靠广告来赚钱。

1997 年 3 月 21 日，当"和平"号空间站飞经西班牙上空时，俄罗斯航天员穆萨巴耶夫和布达林为德国一家汽车公司做了一次广告代言。他俩穿戴有该汽车标志的帽子和运动衫，向地面的电视观众一张张地展示该品牌汽车的照片。这是俄罗斯联邦航天局太空商业广告计划的一部分，广告费收入主要用于弥补航天经费的不足。

8.3 太空中的豪华旅馆

在开展航天事业的初期，进入太空是航天员的"专利"，而航天员大部分都是来自空军的战斗机飞行员，且要经过严格的选拔和专业的训练。随着航天事业的发展，太空大门逐渐向"普通人"敞开。

1984 年初，美国宣布将选拔一位美国公民乘坐航天飞机到太空观光，这在公众中引发了强烈的反响，包括电影明星、作家、议员等在内的几万人竞相报名。同年 8 月，美国总统里根决定，从全国中小学教师中选拔一位优秀的教师，作为航天飞机的第一名普通乘客。1985 年 7 月 19 日，美国副总统布什宣布，新罕布什尔州康科德中学女教师麦考利夫入选。麦考利夫是从上万名申请者中脱颖而出的，但不幸的是，她在"挑战者"号航天飞机的爆炸中不幸遇难身亡。

1987 年，苏联航天中心宣布，外国公民可以以付费的方式，乘坐"联盟"号飞船到"和平"号空间站上进行太空旅游。美国职业歌手丹佛第一个表示愿意参加，计划付费 1000 万美元参加为期 8 天的太空飞行，但这一计划后来没有实现。

1990 年 12 月 2 日，日本东京广播公司的秋山丰宽以记者的身份乘坐"联盟"TM-11 号飞船升空，12 月 4 日进入"和平"号空间站，12 月 10 日返回地面。他在太空中飞行观光了 8 天，在"和平"号空间站上待了 6 天，每天进行 10 分钟太空生活的电视直播和 20 分钟的无线电广播，报道太空飞行实况，并和苏联航天员一起研究失重对睡眠的影响。

秋山丰宽此举旨在纪念日本东京广播公司成立 40 周年，为此，该公司向苏联部门支付的费用累计高达 3700 万美元。这是世界上第一位新闻工作者乘飞船进入太空。

观光旅游、探险考察是人类独有的休闲活动。在好奇心的驱使下，越是充满神秘惊险的地方越有可能成为旅游爱好者趋之若鹜的地方。神奇的太空，浩瀚的宇宙，怎能不让人心生向往。1996年的一项调查表明，70%的日本人、60%的美国人、43%的德国人对到太空旅游怀有浓厚的兴趣。显然，太空旅游的市场潜力是巨大的。

或许是太空旅行让秋山丰宽有了某种人生的感悟，在返回地球后，他自愿放弃电视台国际采访部主任的职务，转行做了农民。从东京来到福岛县龙根町山村当自耕农，这在当时成了一条特大新闻，给无数日本人留下了难忘的印象。因为绝大多数日本人对农民是不屑一顾的。也许正是为了纠正日本人民对土地（我们赖以生存的根基）的疏远和轻视，秋山丰宽才选择了农耕生活。他不仅用大脑思索宇宙人生的意义，而且用实际行动，通过双手来实现他的理想。

作为普通人进入太空是要经受巨大考验的，据说日本记者秋山丰宽进入"和平"号空间站的第一天就用掉了几十个呕吐袋。但进入太空的感受是其他旅行所难以比拟的，秋山丰宽在太空日记中写道："如此渺小的人，为什么要发动战争呢？从太空看地球根本不存在什么边界线……真希望大家都能有太空旅行的机会，不过我更希望让每一位政治家都分别进入飞船的密封舱，让他们在这里进行一下反省。"

1999年1月，俄罗斯政府决定，"和平"号空间站运行期限到8月底结束，并开始寻找新的出路。为此，俄罗斯政府委托能源公司全权处理"和平"号，希望它能找到预算外资金来维持"和平"号的运行，并同意出租空间站。

➡ 日本记者秋山丰宽（左一）和两位同行的苏联航天员

能源公司找到了美国风险投资家安德森，双方联合成立了和平股份有限公司（以下简称"和平公司"），总部设在荷兰，专门负责"和平"号空间站的招商。安德森本人计划拿出 700 万美元，向俄罗斯政府租用"和平"号空间站，想把它改装成"摇钱树"。他想让制药公司、金属制造商在无重力环境下进行改进产品质量的生产实验，还打算用它来修理卫星。

1999 年 2 月 17 日，和平公司与能源公司签署了租用"和平"号空间站的协议，这样"和平"号在 8 月份之后仍可继续飞行。据能源公司透露，和平公司将利用空间站从事广告、太空旅游、科学实验等商业活动，并将提供 4000 万美元支持"和平"号空间站运行到年底，届时再根据商业收入情况制定下一步的计划。

和平公司最先打出的旗号是"平民太空旅游"，任何健康的人只要能支付得起 2000 万美元，就可到"和平"号空间站做一次太空旅游，饱览太空风光。

第一位进入太空的日本人——秋山丰宽

当农民的秋山丰宽(2013 年摄)

和平公司准备投资 2 亿美元，把这个年久失修的空间站改造成为太空度假胜地。公司总裁杰弗里·曼伯认为："虽然这是一次冒险，但我们很有信心。"一旦改造完成，"和平"号空间站将被装扮一新，变成距离地球数百千米的豪华太空旅馆，成为无可超越的度假胜地。太空游客每人要掏 2000 万美元，才能到这座相当于 5 辆公共汽车大小的空间站参观。探险游客将由能乘坐 3 人的"联盟"TM 型飞船送往"和平"号空间站，空间站上一次可以接纳 5 位游客。此举在当时立刻掀起了一股太空旅游热。

　　美国一家公司率先与和平公司签署了 2.06 亿美元的合同，准备到"和平"号上去拍一位科学家到太空躲避追捕的惊险电影，但资金却一直没有到位。接着，英国制片商和俄罗斯导演又计划拍一部电影：一位航天员拒绝离弃"和平"号，地面控制中心决定用美人计去诱惑他返回地球。但这个计划又在资金上出现了问题，未能成行。意大利人卡罗·维伯特也想登上"和平"号游历太空，但协议没有签下来。

　　倒是美国商人丹尼斯·蒂托实在，他曾在 NASA 下属的休斯敦航天中心工作过，在地面上研究过几十年的火箭，却始终没上过天。因此，他的夙愿是能登上太空游览一番，这是他一辈子最大的梦想。"和平"号空间站的窘境，终于给了蒂托一个千载难逢的良机。为了能维持"和平"号的继续运转，捉襟见肘的俄罗斯联邦航天局答应送他上太空，并在空间站上住 7~10 天，还是 2000 万美元的价格。尽管代价高昂，但老先生

第一位太空游客——丹尼斯·蒂托

还是爽快地答应了，并交了100万美元的培训费。

由于"和平"号已经面临着坠毁的危险，因此送蒂托去"和平"号几乎是不可能的事情。于是，俄罗斯联邦航天局准备送蒂托去国际空间站。

最终，经过与美国方面磋商，丹尼斯·蒂托于2001年4月28日，乘坐俄罗斯的"联盟"TM-32号飞船前往国际空间站，时年60岁。他成为第一位付费的太空游客。

"和平"号空间站的招商闹得沸沸扬扬，折腾了大半年的时间，到1999年的10月才筹到4000万美元，这点钱对维持"和平"号空间站的运转来说实在是杯水车薪，最终也没有挽回"和平"号坠毁的结局。

"和平"号空间站坠毁之后，国际空间站作为唯一可接纳太空游客的"太空旅馆"经营得还算不错，包括上面提到的第一位太空游客丹尼斯·蒂托在内，迄今为止已经迎接过7位太空游客。

第二位太空游客是南非商人马克·沙特尔沃思，他于2002年4月25日乘坐俄罗斯的"联盟"TM-34号飞船进入国际空间站，时年29岁。2002年4月27日，马克·沙特尔沃思到达国际空间站，太空飞行时间总计11天。

第三位太空游客是美国商人格雷戈里·奥尔森，2005年10月1日至11日，他在国际空间站上度过了一段美好的时光。

第四位太空游客是伊朗裔美国企业家阿努什·安萨里。2006年9月18日，她搭乘俄罗斯的"联盟"TMA-9号飞船前往国际空间站，时年40岁。安萨里也是第一位太空女游客。

第五位太空游客是美国软件工程师查尔斯·西蒙尼。2007年4月7日，他乘坐俄罗斯的"联盟"TMA-10号飞船前往国际空间站，时年58岁。

第六位太空游客是美国电子游戏大亨理查德·盖瑞特，他的父亲是美国航天员欧文·盖瑞特。2008年10月12日，理查德花费3000万美元，乘坐俄罗斯的"联盟"TMA-13号飞船飞往国际空间站，时年47岁。同行的还有两名分别来自美国和俄罗斯的航天员。

2009年9月30日，加拿大太阳马戏团的创始人盖·拉利伯特和另外两名航天员乘坐俄罗斯的"联盟"TMA-16号飞船升空，前往国际空间站。他是第七位太空游客，为这趟旅程付出了3500万美元。在空间站逗留期间，他还远程主持了一场有众多名人参加、地球上多个城市参与的慈善演出。10 月 11 日，拉利伯特顺利返回。出舱时，他与升空时一样，戴着他的红色小丑鼻子海绵。

🔆 戴着红色小丑鼻子海绵升空与返回的太空游客盖·拉利伯特

 ## 8.4 送往国际空间站的外卖比萨

相当长一段时间以来，人们一直在探索太空商业化的途径与方式，最为典型的一张代表性的照片是一位NASA的航天员在进行舱外活动时，手持一张写有"FOR SALE"的广告牌，开玩笑地表示要卖出一颗已修复但有瑕疵的人造卫星，这幅照片摄于 1984 年 11 月 14 日。

空间站上做过的广告可谓五花八门，什么都有。2006 年，有关航天员在国际空间站打高尔夫球的消息被全球各大媒体炒得异常火爆。加拿大一家高尔夫球杆生产商与俄罗斯联邦航天局签署的一项协议，准备让当时在国际空间站工作的一名俄罗斯航天员在外太空行走时使用该公司生产的高尔夫球杆玩一次高尔夫球，并让这颗高尔夫球成为一颗"人造地球卫星"在围绕地球飞行约四年后烧毁在密集的大气层中。

⬆ 手持广告牌的航天员

许多专家都对这一广告行为表示强烈反对。专家们称，近地轨道上的太空垃圾已经够多了，这颗高尔夫球在进入轨道后将成为一颗极度危险的"炮弹"。如果真要把这颗球从国际空间站上打出去，那么其飞行速度将达到10千米/秒。此前，正是因为太空垃圾撞上了俄罗斯的"快车"A号卫星而导致西伯利亚和远东地区的居民连电视都没法收看。更值得一提的是，"快车"A号卫星还处于太空垃圾相对较少的地球同步轨道。对于高度只有350千米的国际空间站来说，太空垃圾对它的威胁就更不用说了。

再说，无论是在国际空间站舱内还是舱外进行各项活动，都应该经过国际空间站项目其他参与国的允许。即便是俄罗斯联邦航天局打算要玩这场太空高尔夫也应该得到 NASA、欧空局和其他国际空间站合作伙伴国宇航局的批准。况且，NASA 的态度还是决定性的。

最终，这场太空高尔夫活动没有得以开展，不过被推到舆论风口浪尖的这家高尔夫球杆生产商已经吸引了足够多的眼球。

⬆ 俄罗斯航天员正在为"太空高尔夫球"计划进行准备

高尔夫不能随便打，那在空间站中展示一些商品是不会有什么危害的。因为大众普遍认为，能被航天员使用的产品毫无疑问是品质上佳的，所以不少厂商都将目光投向国际空间站。国际空间站曾为方便面和比萨

⬆ 比萨的太空宣传画

等产品做过广告。2001 年，经过一年的开发和数月的严格测试，一款萨拉米香肠比萨终于被 NASA 认定符合太空食品的要求，获准送到了国际空间站，与其他外卖不同的是，这家公司需要为此付费，他们为了把比萨送到国际空间站，支付了 100 万美元的"运费"。

⬆ 被送往国际空间站的比萨

第**9**章
中国的空间站来了

>>>

9.1 脚踏实地的发展之路

美国一直担心中国过快成长，想方设法阻止中国发展，其主要手段就是技术围堵，尤其是在航天领域。20世纪90年代，美、俄等国推出国际空间站项目，作为人类历史上规模最大、合作范围最广的航空航天项目，共有16个国家或地区的组织参与研制，只因美国力阻中国加入国际空间站项目，中国被排除在外。后来，中国避开美国找到欧空局，希望能够共享航天技术，可是投入了几十亿的合作资金后却没有学到任何核心技术。厌倦了其他国家的虚与委蛇，中国决定独立自主。事实也证明，只有自力更生、自强自立才是真正的强国之路。

中国于1992年开始了载人航天"三步走"计划：第一步，发射无人和载人飞船，将航天员安全地送入近地轨道；第二步，实现多人多天飞行、航天员出舱在太空行走、完成飞船与空间舱的交会对接；第三步，建立永久性的空间实验室，建成中国的空间工程系统。

虽然晚了美国近30年，又处处被美国围堵，但我国科学家自立自强，完美诠释了什么叫从无到有：作为中国首次发射的载人航天飞行器，神舟五号于2003年10月15日9时发射升空，将航天员杨利伟送入太空，并于2003年10月16日6时23分返回。

2005年10月12日，神舟六号飞船升空，将航天员费俊龙、聂海胜送入太空，五天后安全返回。中国载人航天实现了两人多天和航天员直接参与空间科学实验活动的新跨越。

2007年10月24日，嫦娥一号探月卫星发射升空。作为我国首颗绕月人造卫星，它以中国古代神话人物嫦娥命名。一个多月后，嫦娥一号传回的第一幅月面图像公布，标志着中国首次月球探测工程圆满成功。

2008 年 9 月 25 日，神舟七号飞船搭载航天员翟志刚、刘伯明、景海鹏升空。9 月 27 日，翟志刚圆满完成我国首次空间出舱任务。

2010 年 10 月 1 日，嫦娥二号探月卫星成功发射。嫦娥二号是中国第二颗探月卫星、首颗太阳系人造小行星、中国探月工程二期的技术先导星，也是中国飞得最远的航天器。

2011 年 9 月 29 日，中国第一个目标飞行器和空间实验室天宫一号发射升空。11 月 1 日，神舟八号飞船发射成功。两天后，神舟八号与天宫一号进行空间交会对接。组合体运行 12 天后，神舟八号脱离天宫一号并再次与之进行交会对接试验。神舟八号任务的圆满完成，标志着中国成功突破了空间交会对接及组合体运行等一系列关键技术。

2012 年 6 月 16 日，神舟九号飞船搭载航天员景海鹏、刘旺、刘洋发射升空，刘洋成为中国首位进入太空的女航天员。飞行期间，神舟九号与天宫一号分别进行了自动交会对接和手动交会对接。6 月 29 日，航天员安全返回地面。

2013 年 6 月 11 日，神舟十号飞船搭载航天员聂海胜、张晓光、王亚平升空。神舟十号在轨飞行 10 余天，进行了一系列空间科学和技术实验，并开展了中国航天员首次太空授课活动。

2016 年 6 月 25 日，长征七号火箭首飞任务顺利完成，拉开了中国载人航天工程又一幕大戏——空间实验室任务的序幕。空间实验室阶段的任务目标是突破和掌握货物运输和补给、航天员中期驻留、地面长时间任务支持和保障等技术，开展较大规模的空间科学实验与技术试验，为空间站的建造和运营积累经验。

2016 年 9 月 15 日，天宫二号发射成功，这是中国第一个真正意义上的空间实验室。

2022 年前后，中国将建成自己的第一个空间站，而以前那个"拒绝"我们加入的国际空间站，将在 2024 年退役坠入太平洋。届时，中国或将成为世界上唯一拥有在轨空间站的国家。

中国航天科技发展备受国际肯定，取得的成就也令人鼓舞。俄罗斯官员正在考虑 2024 年撤回国际空间站上的本国航天员，并暗示将和中国合力建造对抗国际空间站的新基地；美国诸多媒体已经开始呼吁美国加强与中国的航天合作；欧洲航天员也已经开始学习中文，希望未来到中国空间站上能够用上……

曾经对我们不屑一顾并将我们拒之门外的那些对手们，如今却主动跑来跟我们合作。由此可见，中国航天人用自己艰苦奋斗、勇于攻坚、开拓创新、无私奉献的精神，把起步晚、没有技术外援的中国航天事业带到了一个新的高度，取得了举世瞩目的伟大成就，也赢得了世界的尊重。

9.2 天宫一号目标飞行器

天宫一号采用实验舱和资源舱两舱构型，全长 10.4 米，舱体最大直径 3.35 米，起飞质量 8506 千克，设计在轨寿命两年。

名字的由来

天宫一号的任务方案早在 1992 年国家制定中国载人航天"三步走"战略时就已确定。2002 年，在进行了方案论证和审查后，天宫一号目标飞行器整个任务方案得到通过。但天宫一号还尚未定名，只是称为"目标飞行器"。2006 年，天宫一号进入初样研制阶段，并命名为"天宫一号"。原因有以下几点：

第一，希望航天员在太空中生活的地方能与宫殿一样舒适。

第二，这个名字具有中国特色，与"神舟"、"嫦娥"相呼应，有一种真正的空间站雏形的概念。

"天宫一号"这名空字的名字让人联想起中国古代四大名著之一《西游记》中的孙悟空大闹天宫。此外，"天宫"是中华民族对未知太空的通俗叫法。因此，以天宫一号为目标飞行器命名，会很容易得到国人的共鸣。

深入了解

与之前的载人航天器相比，天宫一号为航天员提供的可活动空间大大拓展，达 15 立方米，能够同时满足 3 名航天员工作和生活的需要。

资源舱的主要任务是为天宫一号的飞行提供能源保障，并控制飞行姿态。天宫一号电源分系统的所有设备（太阳能电池翼）都在资源舱内，并包括了为飞行器提供能量的燃料。天宫一号的导航与制导系统中6个控制力矩陀螺也在资源舱内。导航与制导系统在天宫一号与追踪飞行器进行对接之际负责寻找目标，而控制力矩陀螺则会对天宫一号进行精确的姿态控制。

实验舱主要为航天员的工作、训练及生活提供场所。实验舱分为前锥段、圆柱段和后锥段。对接完成后，航天员进入全密封的前锥段和圆柱段进行工作、训练，一些必要的生活活动、睡眠等也大多都在这里进行。后部非密封的后锥段安装再生生保设备。实验舱内设有使航天员保持骨骼强健的健身区。实验舱前端装有被动式对接结构，可与追踪飞行器进行对接。

在天宫一号里，航天员生活的实验舱也是飞行器运行的核心舱，里面有很多电子设备。对此，设计师采取了"藏"的策略，把航天员用不着的东西都安装在暗处。暴露在外面的设备都采用了圆角的设计，可避免航天员与设备之间的碰撞，保证了航天员的人身安全。

在天宫一号内，每个区域旁边都设有数量不等的手脚限位器，每个长约20厘米，采用锦丝带材质制作，被巧妙地安放在舱壁四周，总数达到30余个。这种"小身材"装置却有着大功效，它是保证航天员在失重飘移状态下，便于手脚着力的"法宝"，也是舱内数量最多的一种设备。

为保证航天员的娱乐，天宫一号还专门给航天员提供了用来娱乐的笔记本电脑，航天员在工作之余，可以用笔记本电脑来上网，发发微博、看看大片，播放一些自己喜欢的乐曲，也可以进行其他的娱乐活动。

天宫一号作为一种试验性空间站，在寿命、对接口等方面不同于其他空间站。

试验性空间站在轨寿命通常低于5年，而其他空间站可达5至10年，甚至更长。试验性空间站的规模较小，对接口也少，没有扩展能力；而其他空间站至少有两个对接口，能同时对接载人运输器、货物运输器或专用实验舱。试验性空间站上的航天员一次在轨时间较短，一般是几十天；而其他空间站上的航天员一次在轨时间大多为百天以上。

此外，试验性空间站上的燃料和消耗品原则上要一次带足，其他空间站则可用货运飞船定期进行多次补给；试验性空间站上的设备很少更换，但其他空间站可多次更换和增加实验仪器；试验性空间站上的航天员一般不进行航天器的维修工作，只进行试验、训练等，而其他空间站上的航天员要经常进行维修工作。

天宫一号与国外试验性空间站在功能和用途方面有相似之处，但质量较小，约为 8 吨，而国外试验性空间站都为 20 吨以上，因此称天宫一号为简易"空间实验室"更加合适。

天宫一号绕地球一圈的运行时间约为 90 分钟。天宫一号在与飞船交会对接时的运行轨道高度大约为 350 千米；无人期间则会适当调高，约 370 千米，以减小轨道衰减速度，更节约能源。

超期服役

天宫一号于 2011 年 9 月 29 日在酒泉卫星发射中心发射升空。作为我国首个目标飞行器，天宫一号的地面管理人员分分秒秒都陪伴着它，精心照料这个中国在太空中的第一个"天上家园"。

2011 年 11 月，天宫一号迎来了首位"贵宾"——神舟八号载人飞船。作为交会对接目标，天宫一号与神舟八号圆满完成了我国首次空间自主交会对接。作为组合体的控制主体，天宫一号出色完成了组合体姿态轨道控制、信息控制、能源控制和载人环境控制等多项任务，中国也由此成为世界上第三个自主掌握空间交会对接技术的国家。

2012 年 6 月，又有 3 位航天员乘坐神舟九号载人飞船光临天宫一号，天宫一号迎来了自己的首批太空贵客。在航天员的精准操作下，神舟九号与天宫一号圆满完成了我国首次空间手控交会对接。为了让航天员感受到家的温馨，天宫一号营造了一个空气成分、气压都和地面相同，温度、湿度、净度堪比宜居城市的"小家"，为航天员送上了一个安全、舒适的太空之旅。

2013 年 6 月，天宫一号迎来了搭乘神舟十号来访的第二批太空贵客。与神舟九号任务不同，作为我国首次应用性载人交会对接飞行，天宫一号和神舟十号航天员承担了更多的使命。太空授课、在轨更换地板、中短期航天员驻留、舱内无线通信等一批思路新、实用性强、技术水平高、社会效益好的在轨试验项目顺利实施，标志着天宫一号作为交会对接目标飞行器向空间多用途载人航天试验平台的转变。

在等待与神舟载人飞船相会的日子里，天宫一号也未停止探索太空的步伐。天宫一号安装的空间环境探测装置，源源不断地向地面发送着探测到的轨道大气环境信息和空间带电粒子辐射信息；"三合一"相机无时无刻不在关注着我国的水文国土，为开展地质调查、资源勘查、土地荒漠化评估、水文生态监测，以及为环境污染成分和污染源头分析提供第一手的材料。

2013 年 10 月，天宫一号作为"功臣"，圆满完成了其历史使命。在太空里，由于真空、辐射等环境因素，维持长寿命是个难题，但在这方面，天宫一号表现良好，延期"服役"可为将来的空间站建设做更多的试验性工作。在交出一份完美的"体检报告"后，天宫一号转入拓展任务飞行阶段。在拓展飞行的一年里，开展了太阳能电池翼发电能力测试、备份姿态测量、控制模式切换、发动机变轨等一系列拉偏及备份飞行模式试验，深度发掘了天宫一号的飞行潜力，为开展太空环境探测及对地观测创造了更加便利的条件。

超期服役期间，本着"充分利用、挖掘潜力"的原则，有关部门精心运营维护、严密实施监控，继续利用天宫一号开展了航天技术试验、对地遥感应用和空间环境探测，验证了低轨长寿命载人航天器设计、制造、管理、控制等相关技术，获取了大量有价值的数据信息和应用成果，为空间站的建设运营和载人航天成果的应用推广积累了重要经验。

2018 年 4 月 2 日 8 时 15 分左右，天宫一号目标飞行器已再入大气层，再入落区位于南太平洋中部区域，绝大部分器件在再入大气层的过程中烧蚀销毁，没有对地面人员造成任何的伤害。

天宫一号日志

2011 年 9 月 29 日 21 时 16 分 03 秒，搭载着天宫一号的长征二号 FT1 运载火箭点火发射。21 时 25 分 45 秒，天宫一号准确进入预定轨道——天宫一号目标飞行器发射圆满成功。

2011 年 9 月 30 日 1 时 58 分，天宫一号飞行至第 4 圈时，实施了第一次轨道控制，将远地点高度由 346 千米抬高到 355 千米。16 时 9 分，天宫一号飞行至第 13 圈时，实施了第二次轨道控制，近地点高度由 200 千米抬升至约 362 千米，顺利进入在轨测试轨道，为后续进入交会对接轨道奠定了基础。天宫一号的环境控制和生命保障系统也已启动，转入自主运行状态。

2011 年 10 月 6 日 18 时，天宫一号已在轨飞行 109 圈，先后进行了遥控指令、控制开关、图像发音设备、舱内温度湿度、交会对接设备等在轨测试。

2011 年 10 月 10 日，首次公布了由天宫一号自带相机拍摄的太空图片。至此，目标飞行器的在轨测试阶段已基本结束。

2011 年 11 月 3 日 1 时 36 分，天宫一号目标飞行器与神舟八号飞船完成首次交会对接。

2011 年 11 月 4 日 11 时 37 分，天宫一号目标飞行器与神舟八号飞船的组合体第一次轨道维持。

2011 年 11 月 14 日，天宫一号目标飞行器与神舟八号飞船第一次分离，随后，两个航天器成功进行了第二次对接。

2011 年 11 月 15 日 12 时 4 分，组合体完成了第二次轨道维持，开始了神舟八号返回前的轨道精化调整。16 时 59 分，组合体进行了姿态调整，从第二次对接的状态转向 180°进入正常飞行姿态，为神舟八号返回做准备。

2011 年 11 月 16 日 18 时 30 分，神舟八号飞船与天宫一号目标飞行器成功分离（神舟八号飞船返回舱 17 日 19 时 30 分左右在内蒙古预定区域着陆）。

2012 年 6 月 18 日 14 时 14 分，天宫一号与神舟九号完成首次载人交会对接。17 时 8 分，中国航天员景海鹏、刘旺和刘洋相继进入天宫一号。

2012 年 6 月 24 日早，3 位航天员撤离天宫一号，完成手动控制交会对接前的准备。11 时 8 分，北京航天飞行控制中心下达神舟九号与天宫一号分离的指令，两艘航天器随后分离。12 时 38 分，神舟九号进入手动控制模式。12 时 50 分左右，神舟九号与天宫一号手动控制交会对接成功，3 位航天员再次进入天宫一号。这也是中国的首次空间手控交会对接。

2012 年 6 月 28 日 9 时 18 分，神舟九号实施了与天宫一号的手控分离。分离由刘旺手动控制。神舟九号于 6 月 29 日安全返航。

2013 年 6 月 13 日 13 时 18 分，天宫一号与神舟十号飞船进行了自动交会对接。16 时 17 分，聂海胜、张晓光、王亚平 3 位航天员进入天宫一号。

2013 年 6 月 14 日，3 位航天员对天宫一号进行了在轨维护，包括飞行器内装饰材料的更换。

2013 年 6 月 25 日，3 位航天员离开天宫一号。随后，神舟十号飞船与天宫一号完成了分离。

截至 2013 年 10 月，天宫一号已经完成了原定任务。

2014 年 2 月，天宫一号完成 2014 年的第一次轨道维持。地面于 2 月 18 日和 2 月 19 日完成两次控制，提升了天宫一号的轨道高度。

2016 年 3 月 16 日，天宫一号目标飞行器正式终止数据服务，全面完成了其历史使命。但其运行轨道仍在持续，地面仍对其进行密切跟踪监视，天宫一号平均轨道高度约 370 千米，以每天 100 米的速度衰减。

2018 年 4 月 2 日 8 时 15 分左右，天宫一号目标飞行器已再入大气层，再入落区位于南太平洋中部区域。

9.3 天宫二号空间实验室

天宫二号空间实验室是在天宫一号目标飞行器备份产品的基础上改进研制而成的，全长 10.4 米，最大直径 3.35 米，太阳翼展宽约 18.4 米，重 8.6 吨，采用实验舱和资源舱两舱构型，设计在轨寿命不小于 2 年。

技术上更进了一步

天宫二号原本是天宫一号目标飞行器的备份产品。天宫一号成功发射后，这个备份产品便被用来制造成了天宫二号。但"对设备和材料进行了寿命试验，更换了一些材料；对设备做了延长寿命处理，确保天宫二号质量的可靠性"。

天宫一号的主要目标是验证交会对接技术。天宫二号的主要目标是接受神舟十一号载人飞船的访问，完成航天员中期驻留，考核面向长期飞行的乘员生活、健康和工作保障等相关技术；接受天舟一号货运飞船的访问，考核验证推进剂在轨补加技术；开展航天医学、空间科学实验和空间应用技术，以及在轨维修和空间站技术验证等试验。

天宫二号与天宫一号在规模上基本一致，它也是一个长期在轨自动运行、短期载人的飞行器。天宫二号将携带国际首个专用的高灵敏度伽马暴偏振探测仪。这项中国－瑞士合作开展的"伽马暴偏振探测项目"（POLAR），是中国空间天文"黑洞探针"计划的组成部分。

天宫二号空间实验室相对于天宫一号目标飞行器，其上搭载了全新配套的空间应用系统载荷设备，无论配套设备数量还是安装复杂度，均创造了历次载人航天器任务之最，重量达到13吨。

天宫二号较大的改进是装备更豪华、装载量提高、内部环境更好。值得一提的是，天宫二号的系统设计是模块化的，也就是说，当它出现问题时可以快速更换和进行在轨维修，这在国内空间领域属于首创。

其中一个新安装的设备是机械臂，它将被用于测试舱外搬运和维修。这种设备目前在国际空间站上已有使用，但在中国航天领域仍处于试验阶段。

天宫二号搭载了全球第一台冷原子钟进入太空，并进行相关实验。利用太空微重力条件，这台冷原子钟的稳定度将高达 10^{-6} 量级，可以将航天器自主守时精度提高两个数量级，能大幅提高如北斗卫星导航系统的定位精度。

此外，天宫二号还选择了水稻和拟南芥，计划进行"从种子到种子"的植物全生育发展过程实验。

为长期驻留做准备

2016年10月19日3时31分，神舟十一号飞船与天宫二号自动交会对接成功。航天员景海鹏、陈冬进入天宫二号，直到2016年11月17日，神舟十一号飞船与天宫二号空间实验室成功实施分离，航天员景海鹏、陈冬才踏上返回之旅。他们在天宫二号空间实验室工作生活了 30 天，创造了中国航天员太空驻留时间的新纪录。

一直关注中国航天发展的俄罗斯齐奥尔科夫斯基航天研究院院士热列兹尼亚科夫介绍说，在 2016 年 10 月中旬至 11 月中旬的 30 天里，天宫二号和国际空间站同时在近地轨道内运行，而且这两个太空设施内都有航天员驻守，这种情况在世界航天史上是首次出现。无论是 20 世纪 70 年代，苏联和美国争先发射空间实验室，还是 2000 年"和平"号空间站关门送客、国际空间站开门迎宾时，都不曾出现两个空间实验室内同时有人工作生活的情景。如今，当中国的世界航天大国地位日益巩固时，这一情景出现了。

热列兹尼亚科夫认为，有一组数字值得关注：中国是在第 6 次载人航天时实施了太空驻留 30 天，而美国和苏联都是在近地轨道内载人飞行了 20 多次后才开始尝试太空驻留的。

"通过神舟十一号与天宫二号对接飞行，中国研究人员进一步完善了航天器抵近、对接技术，检验了较长时间飞行时舱内生命保障系统的功能，并研究了其他太空长期驻留课题。"热列兹尼亚科夫说。

他表示，通过此次驻留飞行，中国科研人员可以检验其采用的技术和在轨工作制度，能否在 30 天太空驻留期间使航天员始终保持应有的工作能力。

随着太空停留时间的进一步延长，经过不断修订的上述技术和制度，将帮助中国航天员完成更复杂的飞行任务。

天宫二号日志

2016 年 9 月 15 日 22 时 04 分，中国在酒泉卫星发射中心用长征二号 FT2 运载火箭将天宫二号空间实验室发射升空。

2016 年 9 月 16 日，天宫二号成功实施了两次轨道控制，顺利进入运行轨道。

2016 年 9 月 22 日，天宫二号空间应用系统有效载荷全面进行在轨测试。

2016 年 9 月 25 日，北京航天飞行控制中心成功进行两次轨道控制，将天宫二号调整至 393 千米的轨道上，使其正式进入交会对接准备阶段。

2016年10月19日3时31分，神舟十一号飞船与天宫二号自动交会对接成功。航天员景海鹏、陈冬进入天宫二号。航天员完成了转移物品、确认仪表设置、进行飞行器状态巡检、回收试验件等任务。下午，刚刚搬家到天宫二号的航天员，就开始了一个关于天地远程会诊的测试。16时，远程医疗天地协同会诊链路测试和常规医学检查及无创心功能检测同步展开。

2016年10月20日，天宫二号与神舟十一号进行了组合体飞行期间的首次轨道维持，降低了轨道高度，由原先的倒飞状态转为正飞。两位航天员开始进入了正常作息，他们不仅首次在太空跑台上进行了失重防护锻炼，还亲手种下了生菜种子。未来，他们将在太空中完成植物播种、培育、收割的全过程。更有意思的是，在天宫二号实验舱内出现了蚕宝宝。

2016年10月21日，中央电视台《新闻联播》首次在太空播出，两名航天员天地同步收看了《新闻联播》。天宫二号还开启了人类历史上首次太空脑机交互实验。这项实验可将航天员的思维活动转化为操作指令，并监测航天员的脑力负荷等状态。

2016年10月22日，两位航天员收集全天的工作数据下传给地面。天宫二号航天员携带了笔记本电脑，不但可以协助做很多实验测试，还能收发邮件、实时下传实验数据。

2016年10月23日7时31分，天宫二号的伴随卫星从天宫二号上成功释放。在释放过程中，航天员景海鹏和陈冬利用手持摄像机从舱内拍摄到了伴随卫星从天宫二号下方百米之外掠过的视频。

2016年10月24日，景海鹏50岁生日，接受了工作人员来自地球的祝福。

2016年10月26日，6只蚕宝宝在太空吐丝结茧。

2016年11月1日，航天员景海鹏、陈冬为珠海航展送出祝福。

2016年11月3日，中国邮政太空邮局的5岁生日。航天员景海鹏和陈冬作为太空信使，首次以视频连线的方式展示了太空邮局天地通邮。

2016年11月4日，航天员在太空用特制包装首次泡茶。

2016年11月7日，中国人首次太空跑步，景海鹏连跑1个小时。

2016年11月9日，中共中央总书记、国家主席、中央军委主席习近平来到中国载人航天工程指挥中心，同景海鹏、陈冬通话。

2016 年 11 月 17 日 12 时 41 分，神舟十一号飞船与天宫二号空间实验室成功实施分离，航天员景海鹏、陈冬即将踏上返回之旅。

9.4 厉害了，中国空间站

中国载人空间站，简称中国空间站，是一个在轨组装成的具有中国特色的空间实验室系统，预计在 2022 年前后建成。空间站轨道高度 400~450 千米，倾角 42°~43°，设计寿命 10 年，总重量可达 90 吨，以进行较大规模的空间应用。

空间站按长期载 3 人的状态设计，运营阶段每半年由载人飞船实施人员轮换，而初期将采用人员间断访问方式。载人空间站建成后，将成为中国空间科学和新技术研究实验的重要基地。

中国载人空间站初期将建造三个舱段，包括一个核心舱和两个实验舱，每个规模 20 多吨。基本构型为 T 字形，核心舱居中，实验舱 I 和实验舱 II 分别连接于两侧。

空间站运营期间，最多的时候将对接一艘货运飞船和两艘载人飞船。

中国空间站具备扩展能力。在运营阶段，将可以根据科学研究的需要增加新的舱段，扩展规模和应用能力。

空间站的一个核心舱和两个实验舱，将由大型运载火箭长征五号 B 发射；货运飞船和载人飞船则由中型运载火箭长征七号发射。

中国载人空间站整体及各舱段和货运飞船共 5 个名称具体如下：载人空间站命名为"天宫"，代号"TG"；核心舱命名为"天和"，代号"TH"；实验舱 I 命名为"问天"，代号"WT"；实验舱 II 命名为"巡天"，代号"XT"；货运飞船命名为"天舟"，代号"TZ"。

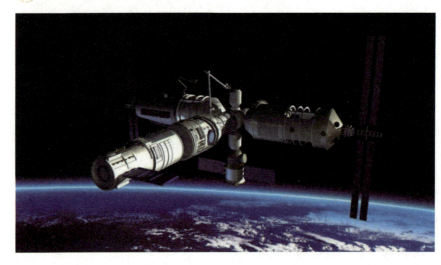

建成后的中国空间站"天宫"(设想图)

核心舱

核心舱全长约 18.1 米，最大直径约 4.2 米，发射质量 20~22 吨。主要任务包括为航天员提供居住环境，支持航天员的长期在轨驻留，支持飞船和扩展模块对接停靠并开展少量的空间应用实验，是空间站的管理和控制中心。核心舱模块分为节点舱、生活控制舱和资源舱。

核心舱有五个对接口，可以对接一艘货运飞船、两艘载人飞船和两个实验舱，另有一个供航天员出舱活动的出舱口。

实验舱

实验舱Ⅰ和实验舱Ⅱ全长均约 14.4 米，最大直径均约 4.2 米，发射质量均约 20 吨。

空间站核心舱以组合体控制任务为主，实验舱Ⅱ以应用实验任务为主，实验舱Ⅰ兼有两者功能。实验舱Ⅰ与实验舱Ⅱ先后发射，具备独立飞行功能，与核心舱对接后形成组合体，可开展长期在轨驻留的空间应用和新技术试验，并对核心舱平台功能予以备份和增强。

货运飞船

货运飞船最大直径约 3.35 米，发射质量不大于 13 吨。

货运飞船是空间站的地面后勤保障系统，主要任务包括：补给空间站消耗的推进剂和泄漏的空气，运送空间站需要维修和更换的设备，延长空间站的在轨飞行寿命；运送航天员的工作和生活用品，保障空间站航天员在轨中长期驻留和工作；运送空间科学实验设备和用品，支持和保障空间站具备开展较大规模空间科学实验与应用的条件。

货运飞船采用模块化设计，具有全密封货舱、半密封/半开放货舱、全开放货舱三种构型，可以把不同的载荷包括小型舱段运输上去，由航天员和机械臂将其装配到空间站上。

航天员

中国的航天员都是从现役空军飞行员中选拔的，主要承担航天器驾驶任务。航天员在空间站将开展太空科学实验，除了良好的身体素质这个共性要求外，未来还需要不同类型的航天员，尤其是工程师和科学家，这是未来选拔航天员的一个主要方向。

未来舱段

中国载人航天工程总设计师周建平介绍说，中国空间站未来还将单独发射一个十几吨的光学舱，与空间站保持共轨飞行状态，并计划在光学舱里架设一套口径两米的巡天望远镜，分辨率与哈勃太空望远镜相当，视场角是它的 300 多倍。设计在轨 10 年，可以对 40% 以上的天区，约 17 500 平方度天区进行观测。

第10章
未来的空间站
>>>

10.1 拉格朗日点的地月空间站

拉格朗日点（Lagrangian points）是在两大物体引力作用下，能使小物体基本保持静止的点，于1772年由法国数学家拉格朗日推算得出。1906年，人类首次发现运动于木星轨道上的小行星（特罗伊族小行星）在木星和太阳的作用下，处于拉格朗日点上。

在每个由两大天体构成的系统中，按推论，应存在5个拉格朗日点，但只有两个是稳定的，即小物体在该点处即使受外界引力的干扰，仍然有保持在原来位置处的倾向。每个稳定点同两大物体所在的点构成一个等边三角形。

在地月系统L1拉格朗日点（以下简称"地–月L1"）建立空间站，

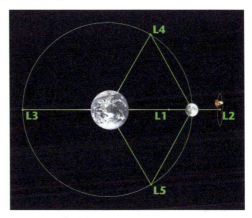

🔼 地月系统的5个拉格朗日点

可以实现许多重要的功能。首先，在这里便于观测月球的正面，有利于在月球表面的各种着陆器与地球之间的通信；其次，从地–月L1发射航天器到月球正面任何地方，几个小时到1天就可以到达，这对于处理危急情况是很有利的；再次，可以接待到月球的旅游者或临时访问者；最后，这里还可以作为飞往太阳系的飞船的维修站。

在月球背面的地月系统L2拉格朗日点（以下简称"地–月L2"）建立空间站，可以完全屏蔽来自地球的电磁干扰，可以在此处放置射电望远镜。

据国外媒体报道，NASA计划在地–月L2上建设空间站。地–月L2处于地球和月球连线的延长线上，距离月球65 000千米。由于处于该点的航天器还要受到太阳引力的干扰，实际运行轨迹非常复杂，形成了围绕地–月 L2 的晕轨道。

处于地–月 L2 上的空间站能够为航天员和工程师积累深空操作的经验，最终会确保人类脱离地月系统而探索更为广阔的宇宙空间；地–月 L2 上的空间站还能够作为维修大型天文望远镜的平台；并且由于地–月 L2 距离月球较近，因此还可以用来对月球上的地质勘探机器人进行实时遥控。

在月面上投放可远程遥控机器人比让航天员登陆更安全、更节约成本。机器人能够在月球上工作数年，就像在火星上工作的火星车一样。人类可以利用远程遥控机器人建立月球基地，为登陆月球的航天员服务。

要想到达地–月 L2，航天员可乘坐"猎户座"多功能载人飞船，目前该飞船正在紧锣密鼓地研发当中。在飞往地–月 L2 的过程中，航天员会近距离看到月面上布满环形山的地貌。

一旦到达地–月 L2，航天员将会看到我们的家园地球和月球在漆黑的天空中，就像两盏明灯一样发着明亮的光芒。这批航天员将会是人类历史上生活在最遥远地方的地球人。

 ## 10.2 太空产品的制造工厂

太空工厂指利用外层空间特殊的环境和条件，如高真空、强辐射和零重力，加工生产某些性能优异的新材料、新产品的大型航天器。

未来的太空工厂生产任务分两种类型：利用零重力、高真空的空间环境，生产地球上急需的优质大型单晶体，火箭和航天器用的高强度复合材料，光学仪器用的高级玻璃，原子反应堆用的耐高温金属材料及高纯度药品等；开发月球或其他行星上的原材料，生产空间用的大型结构，如光学与射电天文观测仪器、远空间研究实验室、太阳能发电站和永久性空间住宅等。

20 世纪 70 年代，美国在"天空实验室"上的试验表明，天上生产的单晶体可比地面上的大 10 倍。在零重力条件下，晶体的晶格排列整齐，晶体生长均匀，大大提高了晶体的完善性。采用无容器的悬浮生长，避免容器污染，可获得高纯度晶体。用这种大型、高质量的单晶体，可在单片晶体上实现一个子系统（如存储系统）或制作成单片晶体的计算机，有利于提高计算机的可靠性、存储容量和运算速度。大型高质量单晶体用于固体激光器中，可大大提高其功率。

太空中无重力、无空气对流的环境为制造新药提供了良好条件。如干扰素，20 世纪末在美国是利用遗传工程技术从生物细胞中制取的，纯度很低，因为要把它从 100 多种其他生物细胞产生物的混合体中分离出来，操作要非常小心，速度还必须很慢，否则，溶液中的混合物容易上升或下沉，不利于分离操作。太空中由于没有重力，不会出现这种问题。科学家相信，在太空中制造的干扰素纯度是地球上制造的100~400 倍。

美国科学家曾提出了一种名叫"空间工业设施"的典型方案。这种

太空工厂由工作舱和供应舱组成，工作舱用于安装生产设备，进行独立生产；供应舱用于补给原料、供应设备和贮存产品。工作舱长 10.6 米，直径 4.4 米，可装载体积 70 立方米、重 5400 千克的设备；供应舱可装载体积 50 立方米、重 9080 千克的货物。这一设施由航天飞机一次运送到预定轨道上，经过组装后就能具备生产能力。平时无人看守，完全自动化生产。

2013 年，据英国《每日邮报》报道，NASA 计划在轨道建造一个"太空制造厂"，利用 3D 打印和机器人技术制造天线、太阳能电池板等大型设备。

这个"太空制造厂"的英文名为"SpiderFab"，计划于 2020 年投入使用，是美国一家科技公司在获得 NASA 的 50 万美元资金以后着手开发的。SpiderFab 借助于 3D 打印和机器人技术，在太空建造和组装大型零部件，例如天线、太阳能

SpiderFab 项目构想图

电池板、传感器桅杆、桁架和其他多功能组件等。

目前，大型航天器零部件都是在地面上建造完成的，这些零部件可以折叠放入火箭保护罩中，等发射到太空以后再进行部署。但这种方法耗资巨大，建造的零部件尺寸还要受到保护罩体积的限制。

利用 SpiderFab 打造超大型结构（设想图）

这家美国科技公司的首席科学家罗布·霍伊特博士说："Spider-Fab 能以纤维制品或聚合物等材料，制造至关重要的太空零部件，并保证紧凑的形态。这样，就可以将它们放入尺寸较小、成本较低的运载火箭中，发射到太空。一旦进入太空，SpiderFab 的机器人制造系统就会对材料进行处理，制造出适合太空环境的超大型结构。这种方法完全不同于传统技术，能制造大小是现在数十甚至数百倍的天线或天线阵列，从而提供适用于各类太空任务的较高功率、较高带宽、较高分辨率和较高灵敏度的大型设备。"

SpiderFab 还将显著降低用火箭发射易碎设备的风险性。目前，发射易碎设备的失败率很高。

10.3 太空旅游目的地

太空旅游项目是基于人们遨游太空的理想，给人提供一种前所未有的体验，最新奇、最刺激的是可以观赏太空旖旎的风光，同时还可以体验失重状态，可以说，这两种体验只有天上有。

太空旅游项目始于 2001 年 4 月，前文已提及，第一位太空游客是美国人丹尼斯·蒂托，第二位太空游客是南非人马克·沙特尔沃思，第三位太空游客是美国人格雷戈里·奥尔森。

专家表示，未来的太空旅游将呈大众化、项目多样化、多家公司竞争、完善安全法规四大趋势。

从广义上来说，常被提及的太空旅游至少有飞机的抛物线飞行、接近太空的高空飞行、亚轨道飞行和轨道飞行等四种途径。这其中只有轨道飞行才是真正意义上的太空旅游，也就是说，在太空中游客要有一个落脚的地方，还能够住上几天——这就得靠空间站来实现了。

到目前为止，实现轨道飞行旅游的主要是国际空间站，可供游客往返空间站的"交通工具"主要是俄罗斯的"联盟"号飞船和美国的航天飞机。但是，这种旅游的单价在 2000 万美元以上。

太空旅馆的概念由来已久，早在"阿波罗"飞船登月之前的 1967 年，著名的酒店连锁公司希尔顿集团就提出了太空旅馆的构想。日本的清水建筑公司后来也提出过类似的计划。

然而半个世纪过去了，太空旅馆却一直停留在概念上，从来没有谁为此真正投入过一分钱。所以，当美国毕格罗宇航公司的创始人罗伯特·毕格罗宣布将掏出 5 亿美元来建造太空旅馆时，很多人都持怀疑的态度。

罗伯特·毕格罗从小就对太空充满了梦想，但他前半生的事业却与太空无关。罗伯特·毕格罗在美国是一个传奇人物，正是他把"太空旅馆"的概念由梦想逐渐变成现实。

罗伯特·毕格罗在大学读的是商业管理，1967 年从亚利桑那大学毕业后投身于跟房地产相关的旅馆业。发财之后的毕格罗没有忘记神秘的太空，1990 年，毕格罗开始悄悄地资助 UFO 和神秘自然现象的研究。10 年中他投下了至少 1 千万美元。不过，毕格罗的太空梦想远远不止这些。1999 年，毕格罗创建毕格罗宇航公司，宣布他将开始建造太空旅馆。

毕格罗是认真的。这一计划的启动，跟 NASA 的"TransHab"项目有关。TransHab 是 NASA 从 1997 年开始为国际空间站开发的一种充气载人航天舱。

这是一个大胆创新的设计，它发射时体积很小，上天后展开，能降低太空舱的成本。然而，由于 NASA 的预算紧缺，该项目在已经取得大量成果的情况下于 2000 年被取消。

1999 年，毕格罗已经预先得知 TransHab 项目将被取消。他就联系到了该项目的负责人威廉·施耐德博士，很快两人达成合作的协议。而 NASA 也同意协助和支持毕格罗的进一步开发。在 NASA 的帮助下，经过几年的规划、研究、设计，2005 年 10 月，毕格罗宇航公司开始建造第一个"太空旅馆"——"创始"1 号。

与金属硬壳的航天器不同，毕格罗宇航公司设计的"太空旅馆"由若干可充气膨胀的软壳模块组装而成，其最大优点是可节约发射成本。短短的 9 个月后，它在 2006 年 7 月 12 日发射升空。

2007 年 6 月 29 日，罗伯特·毕格罗投资建造的"太空旅馆"二号实验舱——"创始"2 号，由俄罗斯"第聂伯"重型运载火箭发射升空并顺利进入预定轨道。

按照毕格罗的计划，商业化的太空旅馆将会有 330 立方米的内部空间，宽大的窗口可以饱览太空的美丽风光。不过旅馆虽好，费用也不低，在"太空旅馆"住宿一晚的最低费用是 100 万美元。

然而，作为太空旅馆的投资先驱，罗伯特·毕格罗却在成功发射两个实验舱后再无音信。

2011 年，俄罗斯轨道科技公司公布一项计划：在距地面 217 英里（约 349 千米）的太空轨道上打造太空旅馆。太空旅馆将设有 4 个舱，一次可供 7 名旅客入住。太空旅馆每 80 分钟绕地球转一圈，旅客每天可以看到十几次日出。

旅客们将首先搭乘俄罗斯"联盟"号飞船历时两天后抵达预定轨道，随后便可在太空旅馆中尽享 5 天的奢华假期。每位旅客 5 天的住宿费是 10 万英镑，另外还需支付 50 万英镑的"机票费"。

轨道科技公司董事长塞格·K. 柯斯登柯表示："我们所要打造的太空旅馆将不会令人们产生对国际空间站艰苦生活的任何联想。旅馆就是要提供舒适的生活环境的。"

太空旅馆的食物都是先在地面上做好，然后在太空用微波炉加热食用。旅客们可以便捷地吃上红烧牛肉、野山菌、豌豆泥、土豆汤和果盘等丰盛的食物。太空旅馆内还装有冰箱，旅客们可轻松喝到多种冰镇饮料，但饮酒却被严格禁止。淋浴间采用全密闭式的设计，能够有效防止水珠四处乱飞，以免发生危险。由于失重，太空旅客们在休息时既可平躺入睡，也可直立入眠。旅馆内的空气会始终保持新鲜，因为空气过滤系统会除掉舱内的异味和细菌。太空旅馆还配有水循环系统，废水将被处理后二次使用。

10.4 向火星进发

　　载人登陆火星无疑是 21 世纪人类最大的梦想，SpaceX 的创始人埃隆·马斯克甚至提出了一个惊人的火星移民计划，要在 2040 年前后将 8 万名地球人送往火星居住，并且能够在火星上自给自足，繁衍后代。如此的雄心离不开充分的技术积累，否则终将是一句空话。好在航天科技领域的科学家和工程师们一直在考虑人如何登上火星这个问题。

　　载人火星探索，每次旅程都需要十几个月，长期的太空飞行会遇到什么样的问题，人类能否适应长时间的失重环境，这些都是需要研究的问题。而国际空间站一直就被看作是可用于研究长期空间飞行影响的试验装置，甚至 NASA 曾经采取过一些措施对国际空间站进行了一些调整，使其成为火星探索系统和硬件设备的技术试验场。其中，引人注目的一个项目就是充气式太空居住舱段。利用国际空间站对充气式太空居住舱段进行试验，可谓一举两得，既可以扩大空间站上航天员的居住面积，也可以验证其用于火星探索的可靠性。

　　火星探索型的居住舱将用于把航天员送到火星，并在火星表面为航天员提供生命保障。如果 NASA 决定将月球作为登上火星的跳板，同时也让航天员从火星重返月球表面，那么这种装置也可以在月球上使用。

　　利用国际空间站开展载人火星任务的相关试验，还只是一些技术性的探索，而 2018 年 9 月 NASA 发布的《国际太空探索战略报告》中提出的建立月球轨道空间站的构想，则是为飞向火星迈出的新的一步。

虽说这是一个月球轨道的空间站，可以为重返月球提供支撑，但它更深远的目标是前往火星，所以计划的制定者称之为"深空门户"（Deep Space Gateway），意味着这是飞向火星乃至太阳系更深远空间的一个大门。

"深空门户"空间站（LOP-G）采用类似于国际空间站的桁架结构，由 NASA 主导，欧空局、俄罗斯联邦航天局、日本宇宙航空研究开发机构（JAXA）和加拿大国家航天局（CSA）参与研发与建设。LOP-G 容积约 55 立方米，规模要远小于国际空间站，拥有 50 千瓦电力和推进系统，可对接航天员工作舱、居住舱和过渡舱以及后勤补给舱和机械臂模块，未来可供 4 名航天员开展工作。LOP-G 的主要任务是实现航天员在月球轨道和月面上长期驻留，以及经月球中转往返火星及深空，开展科学探索，同时兼顾空间安全和商业航天。

NASA 计划到 2030 年前后实现 LOP-G 的深空中转功能，可对飞船进行后勤补给和燃料加注，在完成为期一年的地月空间载人中转试验后，计划于 2033 年实现载人环火星飞行试验。如果一切顺利，将可以开展持续的前往火星的载人太空飞行。建设新的空间站是长期而艰巨的任务，NASA 的这份计划是否能达成，还存在很多的未知数。

国际空间站即将退役，预计到 2024 年，太空中将只有中国的空间站，对于遥不可及的新建空间站计划，国外也有专家提出利用中国的空间站实现载人火星飞行，此人就是第二位登上月球的美国航天员巴兹·奥尔德林。他提出的未来人类永久驻留火星的整体解决方案中，有一个引人注目的关键步骤：将前往火星的飞船发射到 42° 左右倾角的轨道，利用中国的空间站进行组装，然后再出发。

按照现有的太空推进技术，前往火星的载人飞船必然是一个非常庞大的航天器，即便是人类最大的运载火箭也不可能直接将其发射入轨，因此就需要一个"太空组装厂"来组装飞往火星的飞船。在人类的航天史上，航天飞机曾经扮演过"太空组装厂"的角色，这是由于航天飞机拥有超大货仓，以及可以执行复杂操作的机械臂和完备的多人出舱设施，因此，航天飞机在回收故障卫星、抢修和升级哈勃太空望远镜以及组装国际空间站方面，都起到了不可替代的作用。

与航天飞机一样，空间站也具备作为"太空组装厂"的能力，但与航天飞机不同的是，空间站是运行在相对固定的轨道上，不可能进行较大范围的变轨，而航天飞机则可以根据任务的需要，每次发射到不同的轨道上。

我国的天宫空间站将运行在倾角42°左右的近地轨道，美国和欧空局的航天发射场也都在较低纬度，因此都可以将航天器发射到天宫空间站所在的轨道上。另外，我国的空间站在最初的设计上就考虑了扩展能力，可以利用节点舱上的对接口对接国外的舱段，因此，如果条件成熟，我国的天宫空间站有可能作为未来用于组装火星飞船的"太空组装厂"。